JESSICA VON BREDOW-WERNDL

mit Ulrike Strerath-Bolz

DAS GLÜCK DER ERDE

Was ich täglich von meinen
wunderbaren Pferden lernen darf

Besuchen Sie uns im Internet:
www.knaur.de

Aus Verantwortung für die Umwelt hat sich die Verlagsgruppe
Droemer Knaur zu einer nachhaltigen Buchproduktion verpflichtet.
Der bewusste Umgang mit unseren Ressourcen, der Schutz unseres Klimas und
der Natur gehören zu unseren obersten Unternehmenszielen.
Gemeinsam mit unseren Partnern und Lieferanten setzen wir uns
für eine klimaneutrale Buchproduktion ein, die den Erwerb von Klima-
zertifikaten zur Kompensation des CO_2-Ausstoßes einschließt.
Weitere Informationen finden Sie unter: www.klimaneutralerverlag.de

Originalausgabe Oktober 2020
© 2020 Knaur Verlag
Ein Imprint der Verlagsgruppe
Droemer Knaur GmbH & Co. KG, München
Alle Rechte vorbehalten. Das Werk darf – auch teilweise – nur mit
Genehmigung des Verlags wiedergegeben werden.
unter Mitarbeit von Ulrike Strerath-Bolz
Lektorat: Gisela Fichtl
Covergestaltung: Isabella Materne, München
Coverabbildung: Nadine Harms
Satz: Adobe InDesign im Verlag
Druck und Bindung: CPI books GmbH, Leck
ISBN 978-3-426-21486-2

Ich widme dieses Buch all den Pferden,
die mich auf meinem bisherigen Weg begleitet haben.

Inhalt

Prolog –
Wintermorgen in Aubenhausen

Es ist noch früh, über den Bergen ist am klaren Himmel erst ein leichter heller Schimmer zu sehen. Die Sonne wird sich wohl noch eine gute Stunde Zeit lassen. Es war eine frostige Nacht, sicher ist der Boden im Reitpark, auf den Paddocks und auf den Koppeln hart gefroren. Wir werden vorsichtig sein müssen, wenn wir mit den Pferden rausgehen.

Gerade hat der Wecker geklingelt. Mein Mann und mein Sohn schlafen noch. Halb sieben ist es, als ich mich aus dem Schlafzimmer schleiche. Das ist früh, zumal ich keine natürliche Frühaufsteherin bin. Es fällt mir jeden Tag wieder schwer, aufzustehen und die anderen schlafen zu lassen. Und so werfe ich einen kurzen sehnsüchtigen Blick zurück auf die beiden Schläfer, bevor ich die Tür öffne und den ersten Schritt in den neuen Tag mache.

So beginnt für mich fast jeder Morgen hier in Aubenhausen. Ich trinke eine Tasse warmes Zitronenwasser, gehe ins Bad, dann in unseren Yogaraum, wo ich eine kleine Übungsreihe mache und mich anschließend zu einer kurzen Meditation hinsetze. Dazu gehört auch, dass ich, wie jeden Morgen, in mein Tagebuch schreibe: Drei Dinge, für die ich dankbar bin, drei Dinge, die meinen Tag heute besonders machen werden, meine Affirmation für den Tag. Ein wenig Zeit ganz allein für mich, und Stille, die ich brauche … Wenn ich den Yogaraum verlassen habe und im Bad fertig bin, fühle ich mich gut vorbereitet und freue mich auf den Tag. Spätestens um Viertel nach sieben wecke ich meine beiden Männer, wenn sie nicht schon wach sind.

Wenig später sitzen wir zusammen beim Frühstück. Gleich wird auch Karin zu uns stoßen, eine wunderbare junge Frau, die uns im Haushalt unterstützt, für uns kocht und auch Moritz mit betreut, wenn er aus der Kita kommt. Wir genießen unser gemeinsames Familienfrühstück – mein Mann und ich sind froh, jeden Morgen Zeit miteinander verbringen zu können. Auch er hat meistens seine eigene Zeit im Yogaraum oder geht joggen, bevor er in seinen langen Arbeitstag startet. Unsere Pointer-Hündin Chicca träumt vor einem der großen bodentiefen Fenster.

Inzwischen ist es heller geworden. Von unserem Tisch in der großen offenen Küche aus kann ich die Berge sehen, über denen gerade die Sonne aufgeht. Als ich das Frühstücksgeschirr in die Spülmaschine stelle, bemerke ich, dass schon die ersten Pferde auf die Koppeln gebracht worden sind. Friedlich stehen sie im Morgenlicht, meine braune Stute Zaire wälzt sich gerade auf der kalten Erde. Ich bin sicher, die Pferde genießen diese Stille in der frühen Zeit des Tages genauso sehr wie ich.

Karin und Moritz machen sich auf den Weg in die Kita, und ich schnappe mir meine Jacke, die ich über die Reitkleidung ziehe. Chicca holt sich noch ein paar Streicheleinheiten, bevor wir zusammen hinausgehen. Wenige Schritte nur, dann stehe ich schon vor dem ersten Stallgebäude. Es grenzt fast an unsere Terrasse. Heute werfe ich nur einen kurzen Blick hinein, dann gehe ich voller Vorfreude weiter den Hügel hinauf zu dem Stalltrakt neben der großen Reithalle.

Aus den geöffneten Stalltüren dampft es in die Frostluft hinaus, ein warmer Geruch umfängt mich. Der Geruch, der mein Leben prägt. Der Duft der Pferde.

DIE PFERDE,
MEIN LEBEN

Seit meiner Kindheit lebe ich mit Tieren, vor allem mit Pferden. Sie sind meine große Liebe und Leidenschaft. Und diese Leidenschaft ist mein Beruf geworden. In der Arbeit mit ihnen, im Leben mit ihnen habe ich mich entwickelt, durch großartige Zeiten und bittere Krisen hindurch. Durch Erfolg und Misserfolg, Spaß und harte Arbeit. Und immer mit Liebe und Freude an dem, was ich tue.

Ich kann in diesem Buch nicht von all den wunderbaren Pferden erzählen, die mich auf meinem bisherigen Lebensweg begleitet haben. Aber das ist auch nicht nötig, denn dies ist ja kein Lebensrückblick – dafür bin ich noch ein bisschen zu jung. Mein Wunsch ist vielmehr zu teilen, was mich die Arbeit mit den Pferden über das Leben gelehrt hat: Erkenntnisse, die vielleicht auch für andere wegweisend oder bereichernd sein können, ganz egal, ob sie reiten oder nicht.

Ich möchte in diesem Buch von den Erfahrungen berichten, die mich zu der gemacht haben, die ich heute bin. Vor allem aber von der Faszination der Beziehung zwischen Mensch und Pferd, der gemeinsamen Arbeit beim Dressurreiten, die so viel mehr ist als Leistungssport. Aus all diesen Erfahrungen hat sich unsere Philosophie im Umgang mit den Pferden entwickelt, die wir hier in Aubenhausen leben. Sie beruht auf dem Grundsatz spielerischer Konsequenz, und sie ermöglicht es uns, Pferde zu Höchstleistungen zu motivieren – sie zu glücklichen Athleten zu machen. Dabei bleiben wir niemals stehen, sondern sind auf dem Weg und lernen täglich dazu.

Die Pferde, von denen ich hier erzähle, stehen für Stationen auf diesem Weg und für wichtige Lernerfahrungen, die ich machen durfte. Jedes Pferd war und ist ein Teil meines Lebens und ein großes Geschenk.

Wie alles anfing –
Liebe und Freiheit

Ich stamme – und das ist in unserer »Branche« recht ungewöhnlich – nicht aus einer klassischen Reiterfamilie. Sport hat allerdings auch bei meinen Eltern schon immer eine große Rolle gespielt. Meine Mutter Micaela war und ist eine großartige Skifahrerin, sie ist sogar Europacuprennen gefahren. Mein Vater Klaus war drei Mal deutscher Meister und einmal Vizeeuropameister im Segeln und ist mit dem Mountainbike tausend Kilometer durch Nepal gefahren. Auch in der weiteren Familie wird Sport großgeschrieben. So teile ich mit meinem Bruder Benjamin nicht nur die Verantwortung für unser Gut Aubenhausen, sondern auch die Leidenschaft fürs Dressurreiten – und den Erfolg.

Keine Reiterfamilie also. Ganz klar kann ich aber für mich und meinen Bruder sagen: Wir kommen aus einer unglaublich warmherzigen Familie. Wir hatten eine schöne Kindheit. Nicht nur wegen der großen Liebe in unserer Familie, sondern auch wegen des außergewöhnlich schönen Umfelds: Schon bevor wir nach Aubenhausen zogen, durfte ich meine ersten Lebensjahre in großer Freiheit genießen. Wir lebten damals in einem Haus in Rosenheim, direkt am Waldrand. Liebe und Freiheit – diese starke Kombination hat mich sehr geprägt und bestimmt mein Leben bis heute. Auch meinen Umgang mit den Pferden.

Das mit den Pferden und dem Reiten begann eher zufällig. Wir bekamen von unserer Großmutter zu Weihnachten ein Pony geschenkt. So besaßen wir also plötzlich ein »Fami-

Liebe und Freiheit – diese starke Kombination hat mich sehr geprägt und bestimmt mein Leben bis heute. Auch meinen Umgang mit den Pferden.

lienpferd«. Es war ein Criollo-Wallach mit Namen Nekoma (die Criollos stammen aus Südamerika, es sind robuste Reitpferde, die in ihrer Heimat viel von den Hirten eingesetzt werden). Nekoma war bereits angeritten und lebte bei unserer Tante Barbara in einem Ortsteil von Rosenheim.

Damit war der Grundstein für den Einstieg in den Reitsport gelegt. Nekoma wurde hauptsächlich von unserer Mutter geritten. Das weckte natürlich auch bei uns Kindern das Interesse am Reiten, und so durften wir ein bis zwei Mal pro Woche auf Schulponys lernen.

Praktisch von Anfang an war ich ... ja, beseelt und verliebt. Die Faszination für die Pferde hatte mich sofort erfasst und ließ mich nicht mehr los. Meine Begeisterung für die großen Vierbeiner ging tatsächlich noch weit über das hinaus, was man Mädchen ohnehin so nachsagt. Für mich war jeder Tag im Stall ein besonderer Tag. Ich liebte es einfach, von diesen wunderbaren Wesen umgeben zu sein. Wenn ich nur ein Mal in der Woche hindurfte, war das eben der große Tag, das Highlight. Und hätte ich eine Möglichkeit gefunden, unabhängig von den anderen Familienmitgliedern dort hinzukommen, ich hätte jede Mühe auf mich genommen. Ganz so einfach war das aber nicht: Ich war zu diesem Zeitpunkt gerade vier Jahre alt.

Mit unserem ersten Pony hatte etwas begonnen, was sich nicht mehr aufhalten ließ. Und unsere »Herde« wuchs: Zum nächsten Weihnachtsfest bekamen Benjamin und ich zwei Lewitzer Fohlen geschenkt. Ein großartiges Geschenk, das wir mit großem Jubel willkommen hießen, aber man sieht daran auch, dass in unserer Familie niemand wirklich Ahnung von Pferden hatte. Was tut ein Kind mit einem noch nicht angerittenen jungen Pony?

Unser Glück war, dass wir Paul Elzenbaumer hatten, der später, bis zur Rente und sogar noch weit darüber hinaus, bei uns auf dem Hof als Pferdewirtschaftsmeister angestellt war und bis heute immer noch in Teilzeit bei uns beschäftigt ist. Er wurde unser erster Reitlehrer, und er hat auch die beiden jungen Lewitzer angeritten, als sie alt genug waren. Bis dahin übten wir fleißig weiter auf den Schulponys.

Den Umgang mit jungen Pferden sind wir von Kindesbeinen an gewöhnt. Irgendwie haben wir uns als Reiter von Anfang an immer zusammen mit unseren Pferden weiterentwickelt und gemeinsam mit ihnen gelernt. Auch die Pferde, mit denen wir Junioren-Europameister geworden sind, haben wir jung gekauft und mit unserem damaligen Trainer Stefan Münch ausgebildet. Ich glaube, das ist schon etwas Besonderes, und es prägt unsere Arbeit bis heute.

Dieses Weihnachtsgeschenk hat meine Begeisterung für Tiere noch deutlich intensiver werden lassen. Mein ganzes Zimmer war voll mit Bildern von Vierbeinern, ich beschäftigte mich tagaus, tagein mit nichts so gern wie mit Tieren.

Ein Traum wird wahr

Und dann passierte etwas ganz Entscheidendes: Meine Tante kaufte das Gut Aubenhausen (es liegt etwa 15 Kilometer von Rosenheim entfernt). Sie setzte ihre Zucht der Lewitzer Ponys, die in Rosenheim begonnen hatte, hier fort. Mein Bruder und ich verbrachten jede freie Minute auf dem Hof, wir ritten beide, und für mich waren die Ponys Spielkameraden, Puppenersatz und noch viel mehr. Ich liebte sie heiß und innig und konnte mich stundenlang mit ihnen beschäftigen.

Bis 1993 leitete meine Tante den Hof mit ihrer Ponyzucht, die sie dann leider aufgeben musste, und mein Großvater übernahm das Gut vorübergehend.

Sollte jetzt schon alles vorbei sein? Würden wir Aubenhausen verlieren? Mein Bruder und ich waren entsetzt von dieser Vorstellung. Doch so weit kam es zum Glück nicht. Der Verkauf des Gestüts gestaltete sich nicht so einfach, und eines Abends beim

Essen fragte unser Vater: »Und was ist, wenn wir nach Aubenhausen ziehen?« Benjamin und ich drehten regelrecht durch vor Freude. Wir sprangen auf der Eckbank herum und jubelten: »Wir ziehen zu den Pferden!« Und meine Mutter freute sich ebenso sehr wie wir, wenn auch weniger lautstark. Für mich jedenfalls war es ein magischer Moment, den ich niemals vergessen werde. Mit Tieren zu leben war mein Traum. Und jetzt sollte er wirklich wahr werden. Es war also nicht das Ende, es war der Anfang.

Wer heute nach Aubenhausen kommt, würde den alten Hof nicht mehr wiedererkennen. Damals gab es nur riesige Weideflächen, die den größten Teil des Jahres einfach Matschwiesen waren, einen Tümpel und an Gebäuden einen Offenstall, die kleine Reithalle, zwei Querställe und das Bauernhaus. Ziemlich wild, das Ganze, aber für uns war es das Paradies.

Als wir in dieses Paradies einzogen, war ich sieben Jahre alt, Benjamin war achteinhalb. Es war wirklich ein Traum. Durch das kleine Guckloch-Fenster meines neuen Kinderzimmers konnte ich auf den Hof schauen. Und ich verbrachte jede freie Minute draußen. Puppenspielen war out, die Barbies vergessen. Echte Tiere! Etwas anderes interessierte mich nicht mehr. Meine kleine Dackelhündin Daisy wurde im Puppenwagen durch die Gegend gefahren und mit Decke und Krönchen ausstaffiert. Sie ließ sich das meistens auch mit großem Gleichmut gefallen.

Vor allem aber mein Pony Little Girl, damals etwa vier Jahre alt, wurde, so viel es ging, bespaßt, sobald ich von der Schule nach Hause kam. Am Wochenende am liebsten den ganzen Tag lang. Little Girl wurde auch in alle meine Spiele einbezogen. Eine Zeit lang spielte ich zum Beispiel, der Zug, der am Gutsgelände vorbeifuhr, wolle mich einfangen und in ein Kinderheim bringen. Aber Little Girl rettete mich im wilden Galopp jedes Mal, wenn die Gefahr am allergrößten war.

Das Schönste waren die Sommerabende in den Ferien, wenn wir bis in den späten Abend hinein draußen spielen durften. Liebe und Freiheit – das Geheimnis einer glücklichen Kindheit?

Schritt halten

Der Hof hat sich von den wilden Anfängen her sehr langsam und organisch entwickelt. Mein Vater war immer mutig und achtete gleichermaßen auf ein Wachstum, das mit unseren reiterlichen Erfolgen Schritt hielt. In einem Jahr wurde ein zusätzlicher Stall gebaut, zwei Jahre später die große Reithalle, irgendwann kam dann die Führanlage dazu, dann wurde die Rennbahn gebaut, der Springplatz und das Dressurviereck. Ich bin froh, dass es so ablief und uns in keiner Hinsicht überforderte.

Übrigens auch wirtschaftlich nicht, der Ausbau des Guts wurde ja erst durch die finanziellen Mittel möglich, die die Büromöbelfirma unserer Familie mit der Zeit einbrachte.

Das Wort »Auftragseingang« wurde für uns Kinder zum Zauberwort, auch wenn wir uns darunter gar nichts Konkretes vorstellen konnten. Aber wir wussten, wenn der Auftragseingang in Ordnung ist, kann es in Aubenhausen weitergehen. Und wir spürten: Wenn es dem Auftragseingang gut geht, dann geht es unserem Vater gut. Und manchmal geht es ihm eben auch nicht so gut. Das sagt für mich sehr viel über den engen Zusammenhalt in unserer Familie aus, aber auch darüber, wie offen und ehrlich bei uns mit dem Thema Geld (und auch mit sehr vielen anderen Themen) umgegangen wurde.

Reiterlich entwickelten wir uns mit. Mein Vater förderte zunächst die angestellten Bereiter und unsere Mutter, und wir Kinder liefen mit unseren Ponys Little Girl und Lady eben so mit. Recht bald wurde meinen Eltern aber klar, dass Benjamin und ich, wenn wir Turniere reiten wollten, einen guten Trainer brauchten. Als sich die ersten Erfolge einstellten (konkret war es ein Reiterwettbewerb im nahe gelegenen Grafing, an dem ich mit Little Girl teilnahm), wurde tatsächlich Stefan Münch auf uns aufmerksam, der dann die nächsten elf Jahre unser wichtigster und prägendster Ausbilder werden sollte. Er hat mit seiner Familie in der Nähe von Aubenhausen gelebt und uns durch die Junioren- und Junge-Reiter-Jahre geführt.

Mit Pferden tanzen

Mit Pferden zu arbeiten, sie reifen zu sehen und zu beobachten, wie sie sich im Laufe unserer gemeinsamen Zeit entwickeln, fasziniert mich jedes Mal aufs Neue. Jedes Pferd ist ein Individuum und hat seinen eigenen Charakter, seine ganz eigene Persönlichkeit. Die Pferde für das gemeinsame Tun und Arbeiten zu begeistern, macht mir Freude und erfüllt mich jeden Tag neu. Ich gebe mir große Mühe, ihnen ein Gefühl für ihren Körper zu vermitteln und ihre Möglichkeiten zu zeigen. Wenn sie die Aufgaben, die wir reiten, verstanden haben und Zeit bekommen, die nötige Kraft dafür zu entwickeln, fallen sie ihnen irgendwann ganz leicht. Wenn die Pferde dann auch noch glücklich, stolz und zufrieden sind, habe ich mein Ziel erreicht: aus einem begabten jungen Pferd einen glücklichen Athleten zu machen.

Die Abstammung eines Pferdes ist mir dabei nicht so wichtig. Die großen Dressurpferderassen haben durchaus spezielle Fähigkeiten und Eigenheiten, aber sie sind nicht so stark spezialisiert, dass man sagen könnte, bestimmte Dinge gehen eben nur mit einem Hannoveraner oder einem Trakehner.

Wenn die Pferde dann auch noch glücklich, stolz und zufrieden sind, habe ich mein Ziel erreicht: aus einem begabten jungen Pferd einen glücklichen Athleten zu machen.

Wenn ich mich für ein Pferd interessiere, schaue ich auf ganz andere Merkmale. Der Körperbau ist wichtig, die Gangarten, aber vor allem die Persönlichkeit und Ausstrahlung. Ist das Pferd nervös oder ruhig? Wirkt es gelangweilt oder neugierig? Ist es bewegungsfreudig? Diese Fragen beschäftigen mich viel mehr als ihre Ahnentafeln.

Auch das Geschlecht des Pferdes spielt für mich keine besonders große Rolle. Viele Reiter arbeiten nicht so gern mit Stuten, weil es schwieriger sein kann, sie für sich zu gewinnen, als bei

Wallachen. Ich mag alle Pferde gern, auch Stuten. Nach meiner Erfahrung ist es sogar umso schöner, wenn es erst einmal gelungen ist, eine Beziehung zu ihnen aufzubauen. Eine Stute, mit der ich richtig Freundschaft geschlossen habe, geht für mich durchs Feuer, das durfte ich immer wieder erleben.

Für mich sind die Pferde, mit denen ich lebe und arbeite, wie hochbegabte Kinder. Die meisten Pferde sind von Natur aus eifrig, wissbegierig und freundlich, sie wollen gefallen und alles richtig machen. Wenn wir ihnen Anerkennung schenken und sie überschwänglich loben, können wir sie für uns gewinnen, denn dann wollen sie noch mehr richtig machen. Wenn sie etwas nicht verstehen oder in unseren Augen nicht richtig machen, liegt es meistens an uns: Dann haben wir es ihnen noch nicht gut genug erklärt. Und so schwierig und manchmal auch langwierig es sein kann, einen guten Zugang zu einem Pferd zu bekommen, umso wundervoller ist es für mich, wenn ich es dann doch geschafft habe. Auch wenn bei so viel Hochbegabung Genie und Wahnsinn manchmal allzu nah beieinanderliegen.

Dressurreiten heißt für mich »mit Pferden tanzen«. Bis es dann aber wirklich nach einem Tanz aussieht, vergehen viele Jahre mit »Ups and Downs«, und es ist wahrlich nicht immer leicht. Doch genau das ist es, was mich so an unserem Sport fasziniert: Ich darf Tiere als Partner gewinnen, eine subtile, auf gegenseitigem Vertrauen beruhende Beziehung zu ihnen aufbauen und irgendwann gemeinsam mit ihnen tanzen.

Ich darf Tiere als Partner gewinnen, eine subtile, auf gegenseitigem Vertrauen beruhende Beziehung zu ihnen aufbauen und irgendwann gemeinsam mit ihnen tanzen.

GEMEINSAM WACHSEN

Meine Jahre als junge Reiterin haben mich sowohl sportlich als auch menschlich stark geprägt. Ich hatte das große Glück und die unschätzbare Chance, über Jahre hin mehr und mehr in den Leistungssport Reiten einzutauchen. Und am Ende konnte ich immer selbst die Entscheidung treffen, ob und wie es weitergehen sollte.

Das hat mit meiner Familie zu tun, und mit unserer Situation hier in Aubenhausen, aber auch mit den Pferden, die mit mir in diesen Jahren lebten und lernten. Und natürlich mit den Menschen, von und mit denen ich lernen durfte.

Little Girl –
Spiel, Spaß und
zum ersten Mal Verantwortung

Mein erstes eigenes Pony hieß Little Girl. Sehr passend, dieser Name, denn ich war ja selbst noch ein kleines Mädchen, als ich sie bekam. Ziemlich klein sogar, ich war fünf Jahre alt. Little Girl war nicht das erste Pony, auf dem ich geritten bin, aber eben das erste Pony, das mir gehörte. Sie war ein Lewitzer Pony mit ganz vielen Punkten. Tatsächlich sah sie ein bisschen so aus wie das Pferd »Kleiner Onkel« von Pippi Langstrumpf.

Damals spielte es für mich natürlich überhaupt keine Rolle, dass ich etwas von ihr lernte. Wir hatten einfach nur jede Menge Spaß miteinander, ich habe am liebsten den ganzen Tag mit ihr gespielt. Alles andere wurde komplett uninteressant. Ich verbrachte meine gesamte freie Zeit mit Little Girl, und mir fiel immer wieder ein neues Spiel ein. Als wir dann wenig später nach Aubenhausen zogen, wurde unsere Verbindung noch intensiver, denn jetzt war ich ihr dauerhaft näher als vorher! Ich habe mich, so oft es ging, mit ihr beschäftigt, an den Wochenenden war ich bestimmt fünf oder sechs Mal am Tag bei ihr und bin mit ihr durchs Gelände getobt. Ich habe ihr Obstsalat geschnippelt, ohne mich auch nur ein Mal über die viele Arbeit zu beschweren. Natürlich habe ich auch gemistet und sie gebürstet und ja, ich gestehe, ich habe ihr sogar mit Menschen-Zahnpasta die Zähne geputzt. Wenn es möglich gewesen wäre, hätte sie wahrscheinlich auch noch in meinem Bett geschlafen (oder ich bei ihr im Stall). Aber das wäre dann wohl doch zu weit gegangen …

Wenn ich mir etwas zu Weihnachten oder zum Geburtstag gewünscht habe, dann hatte es immer mit Little Girl – oder mit meiner kleinen Dackelhündin Daisy – zu tun. Ich habe mir fast nie etwas für mich selbst gewünscht.

Erst heute kann ich einschätzen, was für eine großartige Lehrmeisterin diese kleine Pferdepersönlichkeit war. Denn alles wurde anders, als aus der noch sehr, sehr jungen Reiterin Jessica die Pferdebesitzerin Jessica wurde. Ich übernahm damit – im Rahmen dessen, was in meinem Alter möglich war – die Verantwortung für ein anderes Lebewesen. Anders als ein Hund, der oft in der Familie aufgeht und überall mit dabei ist, sodass sich immer irgendjemand um ihn kümmert, war sie auf mich angewiesen. Dreihundertfünfundsechzig Tage im Jahr war ich für sie zuständig und sorgte dafür, dass es ihr an nichts fehlte und dass sie vor allem immer beschäftigt und glücklich war. Wenn wir verreisten, kümmerte ich mich um eine Urlaubsvertretung, die für ein paar Tage meine Aufgaben übernahm. Schließlich wollte ich ja, dass sie in dieser Zeit nicht nur gut versorgt wurde, sondern auch ihr fröhliches Leben weiterführen konnte!

Ich glaube, das ist der ganz entscheidende Punkt. Ich fühlte mich dafür verantwortlich, dass Little Girl ein glückliches Pferd war. Wenn ich nur eine Sache nennen dürfte, die ich von ihr gelernt habe, dann wäre es sicher diese: Bis heute sorge ich dafür, dass die Pferde hier in Aubenhausen rundum glücklich sind – und nicht nur die in Aubenhausen. Durch unsere Medienpräsenz möchten wir auch zeigen, wie wir uns um das Wohlergehen der Pferde bemühen.

Auch reiterlich habe ich von und mit Little Girl unglaublich viel gelernt. Die Lewitzer Ponys sind nicht unbedingt für ein großartiges Gangwerk bekannt. Trotzdem waren wir beide richtig gut. Obwohl mein Bruder Benjamin zur gleichen Zeit schon ein gangvolles Pony hatte, konnten wir reiterlich immer gut mithalten. Unsere innige Verbindung und unsere harmonische Ausstrahlung machten wohl einiges wett. Tatsächlich haben wir Benjamin sogar einmal, bei einer oberbayerischen Jugendmeisterschaft, geschlagen, und das, obwohl sein Pferd Dacapo die deutlich besseren Gangarten hatte. Ich behaupte immer, ich hätte damals einfach schöner im Sattel gesessen als mein Bruder; darüber lachen wir heute noch manchmal.

Vielleicht hatte ich damals schon ein Geschick dafür, auf spielerische Weise und mit einem liebevollen und fürsorglichen Umgang im Zusammenspiel mit einem Pferd viel zu erreichen.

Vielleicht hatte ich damals schon ein Geschick dafür, auf spielerische Weise und mit einem liebevollen und fürsorglichen Umgang im Zusammenspiel mit einem Pferd viel zu erreichen..

Letzten Endes war es auch Little Girl, die mitgeholfen hat, mein Interesse am »großen« Reitsport zu wecken. Mein allererster Reitlehrer, Paul Elzenbaumer, hat dazu natürlich auch sehr stark beigetragen, da er es gut verstand, meinen Ehrgeiz zu wecken. Aber dass ich mir jede Reitsportübertragung im Fernsehen ansah, auch wenn sie zu nachtschlafender Zeit gesendet wurde, und schon als Grundschulkind erklärt habe, ich wolle mal so gut werden wie Nicole Uphoff, Isabell Werth oder Monica Theodorescu und Olympiasiegerin werden, das war schon eine spezielle Art von Verrücktheit.

Ich kann diesem großartigen kleinen Pferd gar nicht genug danken. Sie war nicht nur ein ausgesprochenes »Spaßpferd«, sie war auch eine unglaublich treue, ehrliche Seele, die mir mit großem Langmut alle Fehler verzieh und geduldig auf mich aufgepasst hat. Sie war zwar kein Bewegungsgenie, aber ein echtes Charakterpferd. Wer weiß, was aus mir geworden wäre, wenn ich sie nicht gehabt hätte. Wenn es ein Pferd in meinem Leben gegeben hat, das das kleine Mädchen Jessica auf den Weg geschickt hat, um die Profireiterin und die Pferdemama Jessica zu werden, dann war es Little Girl.

Im Übrigen war es auch Little Girl, mit der ich dem Trainer Stefan Münch aufgefallen bin, der ein Talent in mir entdeckte und mir half, etwas daraus zu machen.

Stefan Münch hat meinen Bruder und mich elf lange, wunderbare Jahre begleitet. Dass er nach dem Turnier in Grafing auf uns zukam, war vielleicht der größte Glücksfall in meiner ganzen bisherigen Laufbahn. Stefan war damals schon ein erfahrener Ausbilder, und wir haben uns sehr gefreut, als er das Angebot unseres Vaters annahm, bei uns Reitlehrer zu werden.

Stefan hat uns als Trainer und menschlich stark geprägt. Er hat uns so viel Freude an dem vermittelt, was wir tun! Er ist ein sehr lustiger Mensch, mit dem wir gern zusammen waren. Und wir waren ja sehr viel zusammen, er hat uns nicht nur trainiert, sondern auch zu den Turnieren begleitet. Gleichzeitig hatte er die Gabe, eine Atmosphäre der Besonnenheit, Ruhe und Geduld zu schaffen. Er wurde nie laut und war auch nie ungerecht zu den Pferden. Wenn ein Pferd etwas nicht verstand, hat er den Fehler immer bei sich selbst oder bei uns Reitern gesucht. Und wenn kurz vor einer Prüfung auf einmal gar nichts mehr ging, dann war er es, der absolut cool blieb (oder es uns jedenfalls nie spüren ließ, wenn er doch mal nervös wurde). Seine durchgehend positive Art des Umgangs mit Zwei- und Vierbeinern gleichermaßen hat sehr auf mich abgefärbt. Sie ist bis heute in unserer Arbeit spürbar.

Reiterlich war es Stefan besonders wichtig, dass wir einen richtig guten Sitz haben, und er hat sehr viel Wert auf absolut korrektes Reiten gelegt. Ich habe noch gut die vielen Sitzübungen an der Longe gerade am Anfang unserer Zusammenarbeit

> Stefan Münch wurde nie laut und war auch nie ungerecht zu den Pferden. Wenn ein Pferd etwas nicht verstand, hat er den Fehler immer bei sich selbst oder bei uns Reitern gesucht.

vor Augen. Seine Förderung war bestimmt eines der Geheimnisse unseres Erfolgs als Junioren und Junge Reiter.

Es hätte für uns in der Junioren- und Junge-Reiter-Zeit wahrscheinlich keinen besseren Trainer geben können als Stefan. Reiterlich wie auch menschlich war er das perfekte Match. Ich blicke mit großer Dankbarkeit auf die Jahre mit ihm zurück.

Doch auch er war nur ein Geschenk auf Zeit; irgendwann trennten sich unsere Wege. In der Rückschau kann ich sagen, alles war richtig so, wie es kam. Denn der Abschied kam genau in dem Moment, als auch für Benjamin und mich ein neuer Lebensabschnitt begann.

Nokturn –
Mentale Stärke trainieren

Als Nokturn »mein Pferd« wurde, war ich gerade vierzehn Jahre alt. Inzwischen war die Frage aufgekommen: Soll ich noch zwei Jahre Pony reiten (das geht im Dressursport bis zum Alter von sechzehn Jahren), oder bin ich schon reif dafür, auf ein Großpferd umzusteigen? Diese Frage wurde fast schon schmerzlich aktuell, weil wir just zu dieser Zeit die Gelegenheit gehabt hätten, einer anderen jungen Reiterin ihr wirklich tolles Pony zu einem durchaus akzeptablen Preis abzukaufen. Sie war sozusagen »herausgewachsen« und musste umsteigen.

Meine Eltern hatten mir damals die Entscheidung überlassen und mich gefragt: »Hast du Lust, im Ponysport jetzt noch mal so richtig anzugreifen? Oder möchtest du lieber anfangen, dich mit Großpferden zu beschäftigen?« Benjamin ritt Nokturn schon eine Weile, der zu dieser Zeit auf M-Niveau war und bereits die fliegenden Wechsel beherrschte. Und irgendwie merkte ich, es zog mich in diese Richtung.

So beschlossen wir gemeinsam mit unserem Trainer Stefan, nicht mehr in ein Pony zu investieren, mit dem ich ohnehin nur noch maximal zwei Jahre auf Turnieren hätte reiten können, sondern aufs Großpferd umzusteigen. Und sehr schnell wurde mir und allen um mich herum klar, dass diese Entscheidung richtig gewesen war. Benjamin wechselte zu Achill, einem wunderbaren bunten Fuchs. Und ich ritt von da an Nokturn, den wir alle liebevoll »Nocke« nannten.

Nokturn war ein Pferd, das keine herausragenden Grundgangarten hatte, aber er war unglaublich »korrekt«. Wir nannten ihn manchmal »Nocturnus, -a, -um«, wie bei der Deklination der Adjektive im Lateinunterricht, weil er so was von »Drill« an sich hatte. Wenn ich schon nicht mit imposanten Bewegungen meines Pferdes punkten konnte, dann doch auf jeden Fall mit korrektem Reiten und schönem Sitzen. Nocke war der perfekte Lehrmeister, was diese Aspekte betraf. Von ihm habe ich gelernt, dass Reitsport auch disziplinierte Arbeit bedeutet und dass Spiel und Spaß allein als Erfolgsgeheimnis nicht ausreichen.

Mit ihm habe ich, begleitet von Stefan Münch, viele technische Erfahrungen gesammelt. Gemeinsam haben wir beispielsweise an den fliegenden Wechseln gearbeitet. Die musste ich erst mal selbst erspüren, und dann durfte ich Nokturn erklären, dass so was auch in Serie möglich ist und dass er nicht nach einem einzelnen fliegenden Wechsel gleich unkontrolliert losrennen muss. Ruhe ist dabei das Zauberwort. Ruhe, Geduld, bloß keine Aufregung. Und das geht nur, wenn ich selbst Ruhe ausstrahle. Technisch hieß das: Fliegender Wechsel – Schritt – Fliegender Wechsel – Schritt. Und so weiter. Tagelang, wochenlang. Bis irgendwann nach einer gefühlten Ewigkeit die Idee aus seinem Kopf heraus war, der Fliegende Wechsel sei das Startsignal zum Lospreschen.

Im Turnier gab es damals noch die Lektion »Halten – Unbeweglichkeit«, was so viel hieß wie: fünf Sekunden absolut regungslos stehen bleiben. So etwas konnte er unglaublich gut. Er stand bei dieser Aufgabe wie eine Statue. Mit ihm habe ich zum ersten Mal von einem Richter die Note zehn bekommen, genau für diese Lektion. Und mit ihm wurde ich auch – vollkommen überraschend mit meinen erst fünfzehn Jahren, es war mein erstes Juniorenjahr! – Zweite beim Preis der Besten in Warendorf. Das spielte deshalb eine so große Rolle, weil dieses Turnier gleichzeitig die erste Sichtung für die Junioren-Europameisterschaften war. Und da die vier besten Reiter der ersten und zweiten Sichtung sich fürs Team qualifizierten, war dieser zweite Platz sehr bedeutungsvoll und öffnete mir ganz unerwartet neue Türen. Ich habe mich riesig darüber gefreut.

Die Euphorie über diese tolle Platzierung hielt leider nicht sehr lange an. Bei der zweiten Sichtung, die ein paar Wochen später stattfand, war ich so aufgeregt, dass ich mich gleich zwei Mal verritten habe. Kompletter Blackout, sogar mehrere Male! Das niederschmetternde Ergebnis: Platz zwölf von zwölf Teilnehmern.

Ich war untröstlich. Wie konnte ich nur so blöd sein, im entscheidenden Moment nicht mehr zu wissen, was ich reiten sollte? Nur weil ich so schrecklich aufgeregt war bei dem Gedanken: »Hey, jetzt geht es um die Qualifikation zur Europameisterschaft!« Ich hatte die Aufgabe ja nicht vergessen, sie war nur … ja, sie war einfach weg gewesen. Es hatte mich offenbar völlig blockiert, dass ich die Qualifikation für die Europameisterschaft so sehr gewollt hatte.

Die ganze Angelegenheit war mir so peinlich, dass ich gar nicht mehr aus dem Stallzelt gehen wollte. Da half es mir auch nicht, dass Hacki, der damalige Pferdepfleger von Isabell Werth, mich tröstend in den Arm nahm und zu mir sagte: »Und du wirst noch mal Europameisterin, wirst sehen.« Er hat mir sogar eine Wette angeboten, um ein Abendessen. Ich hab's ihm an diesem Tag natürlich nicht geglaubt, aber ich war trotzdem dankbar für den Zuspruch und habe ihm das nie vergessen.

Jahre später, nachdem wir uns eine Weile aus den Augen verloren hatten, habe ich die Wette eingelöst und ihn zu einem schönen Abendessen eingeladen. Zu diesem Zeitpunkt hatte Hacki die Wette schon längst gewonnen, weil ich ein Jahr später tatsächlich Doppel-Europameisterin bei den Junioren geworden war.

Rituale sind wichtig

Noch etwas habe ich vielleicht nicht direkt von Nokturn, aber doch aus den Erfahrungen mit ihm gelernt: dass körperliches Training nicht ausreicht und dass mentales Training eine enorm große Bedeutung hat. Das Erlebnis bei der zweiten Sichtung, als ich mir mit zwei Blackouts das Ergebnis verdarb, war ein richtiger Weckruf. Mir wurde danach sehr schnell klar, dass ich mich unbedingt auch mental fit machen muss, wenn ich vermeiden möchte, dass mir so etwas noch einmal passiert. Es reicht eben nicht, gut reiten zu können und es im Training zu Hause auch problemlos abrufen zu können – ich muss es im entscheidenden Moment, auf dem Turnier auch können. Und damit das gelingt, habe ich in der stressigen Prüfungssituation vor den mit Recht sehr kritischen Augen der Turnierrichter die Nerven behalten. Nokturn hat mir gezeigt, dass ich da noch eine echte Schwäche hatte, an der ich arbeiten sollte.

Alles, was geschieht, hat einen Sinn. Mein Versagen in der zweiten Sichtung, so übel es sich auch damals anfühlte, war wahrscheinlich die Voraussetzung dafür, dass ich ein Jahr später Einzel-Europameisterin werden konnte. Niederlagen sind die stärksten Impulsgeber für Veränderung.

Die mentale Kraft ist enorm, wenn wir uns ihrer bewusst werden und sie offen annehmen. Ich habe in dieser Zeit angefangen, mich sehr intensiv mit mentalem Training zu beschäftigen. Ich habe mir Bücher zu dem Thema gekauft und sie nicht nur gelesen, sondern regelrecht verschlungen. Die Faszination war so groß, dass ich vor dem Abitur sogar meine Facharbeit im Leistungskurs Sport über mentales Training geschrieben habe.

Schon damals habe ich mich aber nicht nur theoretisch damit beschäftigt, sondern auch praktische Erfahrungen gesammelt. Eine große Hilfe war mir dabei Dr. Gaby Bußmann, die in den Siebziger- und Achtzigerjahren selbst eine sehr erfolgreiche Leichtathletin war und heute als Sportpsychologin am Olympiastützpunkt NRW/Westfalen tätig ist, unter anderem für das Deutsche Olympiade-Komitee für Reiterei. Ich habe damals Kontakt mit ihr aufgenommen, sie einige Male getroffen und mit ihr telefoniert. Sie hat mir wichtige Tools an die Hand gegeben, mit denen ich gut selbstständig arbeiten konnte, und war mein erster Kontakt zu einem Mentalcoach.

Eins fand ich übrigens damals wichtig und sehe es heute noch so: Dass ein guter Coach mir nicht sagen sollte, was ich tun und lassen soll, sondern dass er mir einen großen, gut ausgestatteten Werkzeugkasten zur Verfügung stellt und mir selbst die Auswahl der richtigen Werkzeuge überlässt. Mit Gaby funktionierte das extrem gut. Auch heute tausche ich mich noch regelmäßig mit ihr aus.

Dass Erfolg zu einem sehr großen Teil »Kopfsache« ist und dass mentales Training richtig viel bewirken kann, das ist mir zumindest mit Blick auf den Sport genau zu dieser Zeit klar geworden. Dass es darüber hinaus auch fürs Leben wichtig ist – diese Erkenntnis kam etwas später. Heute weiß ich, es ist keine Redefloskel, sondern zutiefst wahr: Du wirst morgen sein, was du heute denkst.

Bis heute nutze ich verschiedene mentale Strategien, die mir helfen, mich auf eine Prüfung hin zu fokussieren und in den »Tunnel« zu kommen. Das allerwichtigste Mittel dazu sind für mich feste Rituale, vor allem

Rituale geben Sicherheit, nicht nur mir, sondern auch meinem Pferd. Deshalb halte ich sehr an ihnen fest, optimiere sie für mich aber ständig weiter.

auch in der konkreten Situation eines Turniers. Rituale geben Sicherheit, nicht nur mir, sondern auch meinem Pferd. Deshalb halte ich sehr an ihnen fest, optimiere sie für mich aber ständig weiter.

Über die Jahre habe ich mir angewöhnt, schon am Abend zuvor in Gedanken die Prüfung durchzugehen, so wie sie im Optimalfall ablaufen wird. Dazu setze ich mich in eine aufrechte Position und stelle mir genau das Prüfungsviereck vor, versuche mit all meinen Sinnen die Atmosphäre zu spüren. Wenn ich den Prüfungsplatz noch nicht kenne, suche ich nach Fotos oder Videos im Internet, um mir die örtlichen Gegebenheiten besser vorstellen zu können. Dieses Ritual hilft mir gerade vor großen Wettkämpfen, ruhiger zu werden und meine Nervosität zu senken.

Das ist echt verrückt! Um ein Beispiel zu nennen: Als ich meinen ersten Weltcup vor mir hatte (das war 2013 in Odense in Dänemark), hat sich mein Herzschlag schon Tage vorher ganz extrem erhöht, wenn ich nur daran dachte, dass ich bald meinen ersten Weltcup-Start haben würde. Damals habe ich etwa vier Tage vor dem Grand Prix schon zu Hause begonnen, die Prüfung vor meinem inneren Auge durchzureiten. Das Einreiten in die Arena, auf welcher Hand ich beginnen möchte, wie sich die Atmosphäre anfühlt, wie es dort riecht, wie es sich anhört, wenn die Klingel des Richters ertönt … einfach alles, jede noch so winzige Kleinigkeit, so präzise wie möglich. Und mithilfe von bestimmten Signalwörtern rufe ich bei jeder einzelnen Lektion genau ab, worauf ich besonders achten muss.

Jedenfalls kann ich sagen, es funktioniert. Wenn ich richtig gut bei mir bin und die Aufgabe in Gedanken durchreite, kann ich die Uhr danach stellen, und die Dauer entspricht genau der Zeit, die ich während der Prüfung tatsächlich brauche. Die ersten Male war mein Puls noch sehr hoch, aber von Übung zu Übung, von Tag zu Tag wurde ich immer ruhiger und fühlte mich sicherer. Das hat mir damals vor dem Weltcup-Start in

Dänemark sehr viel Kraft und Zuversicht gegeben, und seitdem gehört diese Übung auch ganz fest zu meinem Vorbereitungsprogramm im Vorfeld von Turnieren, wenn ich merke, dass Anspannung da ist.

Das wichtigste Ritual zur Prüfungsvorbereitung beginnt für mich dann aber etwa zwei Stunden, bevor ich aufsteige. Ich bin im Stall (bei den internationalen Turnieren sind die Pferde ja direkt vor Ort in Turnierboxen untergebracht) und kuschle erst einmal ein bisschen mit meinem Pferd, fühle mich in ihn oder sie hinein und spüre, wie er oder sie sich fühlt. Gerne massiere ich das Pferd mit meinen Händen, stretche ihm die Schultern und wölbe den Rücken auf. Wenn meine Mutter mit dabei ist, übernimmt sie den Massage-Part oft, während ich die Mähne einflechte. Das lieben die Pferde, man sieht es ihnen an.

Das Einflechten etwa eineinhalb Stunden vor Beginn mache ich tatsächlich am liebsten selbst, weil ich das Gefühl habe, dass uns dieses Ritual noch mehr verbindet und mich beruhigt. Die meisten Pferde binde ich während des Einflechtens nicht an, sie stehen ohne Halfter in der Box und dösen vor sich hin – vielleicht gehen sie sogar noch einmal in sich und bereiten sich ebenfalls vor, wer weiß. Das Einflechten ist ja auch für sie ein Signal: Gleich geht's um etwas Besonderes. Und durch die Reise, die ungewohnte Umgebung, den Trubel rundum wissen vor allem die erfahreneren Pferde: Jetzt ist Turnier angesagt. Sie erkennen diese besondere Atmosphäre selbstverständlich wieder.

Nach einer halben Stunde bin ich fertig und habe noch eine knappe Stunde Zeit bis zum Aufsteigen. Jetzt putzen meine Pflegerin oder mein Pfleger und ich das Pferd gründlich und ziehen ihm die Gamaschen an. Das soll meinem Pferd signalisieren, dass es bald losgeht. Dann verlassen wir die Box, und der Pfleger oder die Pflegerin sitzen in der Nähe der Box und pfeifen gleichmäßig und ruhig, damit das Pferd Wasser lässt. Klingt witzig, und die ersten Male (viele Male!), wenn wir das üben, ist es eher Zufall, wenn sich ein Pferd daraufhin tatsächlich erleichtert. Aber wir loben die Pferde überschwänglich dafür, und irgendwann wird es dann zur Routine. Die Pferde begreifen recht schnell, dass es für etwas so Einfaches wie das Wasserlassen Anerkennung gibt, und sie freuen sich darüber. Und mir ist es wichtig, dass das noch mal vor der Prüfung erledigt ist. Wer macht schon gern mit voller Blase Sport?

Während der »Wasserlassen-Zeremonie« ziehe ich mich an einen ruhigen Ort zurück, manchmal einfach auf dem Parkplatz oder an einem stillen Platz hinter den Stallzelten – Hauptsache, ich kann mich dort ganz unbeobachtet fühlen und bin ungestört.

Dort praktiziere ich ein paar Atemübungen aus dem Qigong, um mich zu zentrieren. Durch die bewusste Atmung in Verbindung mit einfachen Bewegungen fühle ich mich nach wenigen Minuten ruhig und sicher und gehe zurück in den Stall. Ich spreche sehr wenig, ziehe mich um, nehme Kontakt zu meinem Pferd auf, helfe beim Satteln und Trensen, ehe ich aufsteige. Wenn in der Stallgasse sehr viel los ist, was mich ablenken könnte, setze ich mir Kopfhörer auf, die die Außengeräusche ausblenden (die hat mir mein Mann geschenkt, eine großartige Idee von ihm!). Außenstehende könnten denken, ich höre Musik. Aber das tue ich nur sehr selten. Mir geht es eher um das Signal nach außen: Ich möchte jetzt nicht gestört oder angesprochen werden.

Auf dem Weg zum Abreiteplatz versuche ich, ganz bei mir und im Schweigen zu bleiben, genauso während des Abreitens und letztlich auf dem Weg zum Viereck. Ich tausche mich nur noch mit meinen Begleitpersonen aus, spreche aber möglichst wenig.

Mit der Sicherheit, die wir beide aus diesen Ritualen beziehen, gehen wir dann meist zentriert, geerdet und fokussiert in die Prüfung.

Nervosität positiv nutzen

Im Übrigen habe ich gelernt, dass Nervosität, wenn sie nicht überbordet, etwas absolut Positives ist. Jeder, der schon einmal vor einem kleineren oder größeren Publikum öffentlich aufgetreten ist, weiß, dass Lampenfieber aus reiner Energie besteht.

Die Nervosität hilft mir, präsent zu sein, aufmerksam im Hier und Jetzt. Wie soll mein Pferd spüren, dass es jetzt wirklich um etwas geht, wenn ich so entspannt wie im Alltag bin? Ein gewisses Maß an Anspannung ist nötig, wenn wir gemeinsam unsere Bühne betreten, um zu tanzen, und da sich meine Stimmung auf das Pferd überträgt, bin ich für das richtige Maß an Anspannung verantwortlich. Ich bekämpfe meine Nervosität also erst gar nicht, sondern nehme sie an und versuche, sie in Konzentration umzuwandeln. Nervosität ist Energie.

Letztlich hilft mir vor allen Dingen eins gegen Prüfungsangst: im Hier und Jetzt zu sein. Denn diese Angst ist eine Projektion in die Zukunft; sie starrt wie gebannt auf etwas, was demnächst passieren könnte. Wenn ich im Hier und Jetzt bin, kann ich mich auf den nächsten Schritt fokussieren, bin im Vertrauen und denke nicht an mögliche »Katastrophen«, die in der Zukunft auf mich warten könnten. Deshalb bemühe ich mich darum, auch in kritischen Situationen in der Gegenwart zu bleiben und zu überlegen, was ich ganz konkret tun kann, was hier und jetzt für mein Pferd und mich das Beste ist.

Prüfungsangst schaut in die Zukunft; sie starrt wie gebannt auf etwas, was demnächst passieren könnte. Wenn ich im Hier und Jetzt bin, kann ich mich auf den nächsten Schritt fokussieren, bin im Vertrauen.

Durch das mentale Training übe ich, mich bewusst im Hier und Jetzt zu halten, auch und gerade in einer Prüfungssituation. Was mir dabei hilft? Gute Vorbereitung, meine Rituale, ein positiver Umgang mit Anspannung und Nervosität – und meine Atemübungen. Immer wieder atmen.

Bonito –
Alles ist möglich

Bonito kam als Vierjähriger zu uns. Meine Mutter hatte sich in ihn und in seine Ausstrahlung verliebt. Aber es lief zunächst nicht gut mit seiner Ausbildung. Um ehrlich zu sein, es lief so schlecht, dass uns geraten wurde, ihn als Freizeitpferd zu verschenken. Wir haben trotzdem nicht aufgegeben und alles versucht, nicht zuletzt mit Stangenarbeit und Springtraining, um ihm ein besseres Gefühl für seinen eigenen Körper zu vermitteln. Das war nicht ganz einfach, weil er anfangs recht speziell in der Anlehnung war. Nur mit viel Geduld haben wir – genauer gesagt, erst mal nur meine Mutter und unsere Freundin Brigitte Bischoff, die damalige Springtrainerin in unserem Stall – es geschafft, dass er bereitwillig und sogar gerne am Zügel ging.

Als er etwa sechs Jahre alt war, durfte ich dann im wortwörtlichen Sinne die Zügel in die Hand nehmen. Damals war ich fünfzehn Jahre alt. Ich habe sehr darum gekämpft, es mit ihm zu schaffen, und dafür sogar einige Diskussionen mit meinem Trainer Stefan in Kauf genommen, weil ich ihn am liebsten nur noch selbst reiten wollte, ich wollte es allein schaffen – mit meinen damals nicht mal 50 Kilo.

Und ich schaffte es tatsächlich: Als der Knoten einmal aufgegangen war, wurden Bonito und ich ein echtes Dreamteam. Bei der Europameisterschaft der Junioren 2002 war ich ursprünglich mit Nokturn qualifiziert. Ich hatte aber auch mit Bonito plötzlich so einen Lauf, dass ich mich sogar mit zwei Pferden für die Europameisterschaft, also fürs Deutsche Team, qualifizieren konnte. Letztlich hatte Nokturn in den Qualifikationen immer ein bisschen die Nase vorn, und so war er die erste Wahl fürs Deutsche Team. Doch eine Woche vor der EM hatte er sich eine Verletzung am Bein zugezogen und lahmte daraufhin etwas. Das war im ersten Moment ein Schock für mich. Alles war eh schon so aufregend vor meiner allerersten Europameisterschaft und dann so etwas …

Katastrophe oder Chance? Im ersten Moment, wenn eine solche Situation eintritt, lässt sich das nicht erkennen oder gar entscheiden. Ich war jedenfalls erst einmal sehr traurig, dass Nokturn nicht mitfahren konnte, denn mit ihm hatte ich bisher schon deutlich mehr Turniererfahrung sammeln können als mit Bonito. Doch im gleichen Moment konnte ich auch dankbar sein, äußerst dankbar sogar. Denn ich hatte ja noch ein zweites Eisen im Feuer, sodass ich trotzdem zur EM fahren durfte. Und so sollte es wohl bei meiner allerersten Europameisterschaft Bonito sein, der mich begleitete. Er war damals erst sieben Jahre alt und ich sechzehn.

Es war unglaublich aufregend! Meine allererste Europameisterschaft! Und das nur ein Jahr nach meinem peinlichen Scheitern, dem mentalen Blackout in der zweiten Sichtung zur EM. Das Wichtigste für mich war nun, eine gute Teamleistung zu liefern. Deutschland ist außerordentlich stark im Dressursport, und das zieht sich vom Pony- bis zum Seniorenlager durch: Das Ziel ist immer, Gold mit der Mannschaft zu gewinnen. Alles andere wird auch in der Öffentlichkeit schon beinahe als Misserfolg gewertet.

Das mentale Training, das ich seit einem Jahr übte, und die Rituale, die ich pflegte, schienen zu fruchten. Ich war super konzentriert und konnte auf den Punkt zeigen, was in uns steckt. Es war wie ein Traum, der plötzlich Wirklichkeit wurde: Wir wurden zusammen Doppel-Europameister, zuerst mit der Mannschaft und dann auch noch in der Einzelwertung. Obwohl ich mit dem erst siebenjährigen Bonito geritten war, dem Ersatzpferd, mit dem ich in den Sichtungen ja nie gewonnen hatte, sondern immer »nur« auf guten vorderen Plätzen gelandet war. Es war einfach unglaublich!

Von da an ritten wir beide wie auf einer Wolke. 2004 gewannen wir sogar jede einzelne Prüfung, die wir zusammen absolvierten, sowohl in Deutschland als auch im Ausland. Es lief einfach für uns.

Das wirkte sich natürlich auch auf unser beider Selbstvertrauen aus. Mit jeder Prüfung, die wir siegreich beendeten, spürte ich mehr Sicherheit, Souveränität und, ja, auch ein bisschen Überlegenheit. Ein schönes Gefühl, das ich bis dahin so nicht gekannt hatte. Vielleicht steht Bonito, mit dem der Anfang so schwer war, gerade deshalb in meiner Erinnerung auch mit für die Erfahrung: Trau dich, glaub an dich! Alles ist möglich!

Bei den Turnieren waren Bonito und ich ein eingespieltes Team. Wir hatten unsere gemeinsamen Rituale, unter anderem auch unseren »Kaltstart«: Wir haben morgens vor der Prüfung ein bisschen vorbereitend gearbeitet, dann durfte Bonito sich ausruhen, und wenige Minuten vor dem Start stieg ich in den Sattel. Die allerletzte Vorbereitung sah immer so aus: leichttraben, Schulter herein, Traversale und zuletzt, wenn er genug angewärmt war, noch einen starken Trab. Und los ging's zum Einritt.

Eigentlich verdanke ich dieses Ritual einem blöden Zufall: Bei einem Turnier fielen die zwei Pferde vor uns aus, und da es damals noch keine festen Startzeiten gab, musste ich fast zwanzig Minuten früher einreiten als ursprünglich geplant. Das brachte die gewohnten Abläufe völlig durcheinander. Aber mit diesem »Kaltstart« erreichten Bonito und ich das beste Prüfungsergebnis, das wir bis dato hatten. So beschlossen mein Trainer Stefan und ich, dass wir diese Art des Abreitens lieber schön beibehalten.

Mit Bonito fing ich auch an, die Prüfungsanforderungen für den Grand Prix zu trainieren. Für mich war das gut zum Einstieg und zum Üben, doch den Schritt in den großen Grand-Prix-

Sport haben wir nicht geschafft. Inzwischen war er neun Jahre alt, und für manche Grand-Prix-Übungen, beispielsweise die Piaffe und die Passage, sollte das Training wesentlich früher beginnen, sonst ist es schwer, den Rückstand noch aufzuholen. Je früher wir damit anfangen, so meine Erfahrung heute, desto mehr Zeit haben wir für die Entwicklung dieser technisch anspruchsvollen Lektionen und desto spielerischer lernen es die Pferde.

Und so haben wir uns dann entschlossen, meinen Europameister zu verkaufen. Schweren Herzens, es war wirklich eine sehr, sehr harte Entscheidung.

Pferde verkaufen – das ist und bleibt wohl immer ein sehr emotionales Thema für mich. Doch ich habe in den letzten Jahren gelernt, dass es auch viele andere liebevolle Menschen gibt, die den Pferden ein wunderbares neues Zuhause bieten können. Oft blühen sie sogar an ihrem neuen Platz noch einmal richtig auf, weil sie dort – als einziges Pferd ihres Besitzers – besonders viel Aufmerksamkeit und Anerkennung bekommen. Das lieben sie, und deshalb ist so ein Wechsel wahrscheinlich für das Pferd weniger schwierig als für mich.

Gelegentlich bleiben die Pferde ohnehin nach dem Verkauf bei uns, oder sie kommen immer wieder zum Training. Und wir bemühen uns immer, den Kontakt zu den verkauften Pferden aufrechtzuerhalten. Auch Bonito hat nach dem Verkauf noch eine ganze Weile bei uns in Aubenhausen gelebt, das machte es leichter für mich. Inzwischen steht er wieder in der Nähe von Rosenheim, also gar nicht weit weg, und ich freue mich, dass es ihm immer noch so gut geht.

Das Geld, das wir mit dem Verkauf erzielten, haben wir in junge Pferde investiert. Die Trennung von Bonito markiert auch den Anfang unserer »richtigen« Arbeit hier in Aubenhausen. Denn bis heute ist es mitunter auch unser Beruf, immer wieder Pferde auszubilden und zu verkaufen, um das Geld teilweise zu reinvestieren und Aubenhausen weiter aufzubauen und instand zu halten.

Erfahrene Ausbilder sagen: Zwischen dem Jugendsport und dem Grand-Prix-Sport der Erwachsenen liegen die Alpen. Sie haben recht, es sind zwei Welten, man kann das eine mit dem anderen überhaupt nicht vergleichen. Das ist wohl auch der Grund, warum so viele talentierte junge Reiterinnen und Reiter auf der Strecke bleiben. Wie recht sie haben, ist mir erst einige Jahre später klar geworden, als ich selbst beinahe auf der Strecke geblieben wäre. Da musste ich auf harte Weise begreifen, dass mir mein Selbstvertrauen nicht einfach zufliegt, sondern dass ich es mir immer wieder neu erarbeiten darf.

> Ich musste auf harte Weise begreifen, dass mir mein Selbstvertrauen nicht einfach zufliegt, sondern dass ich es mir immer wieder neu erarbeiten muss.

Es hat eine sehr lange Phase gegeben, bestimmt sechs Jahre, in der ich es nahezu gar nicht mehr spürte. Es war mir verloren gegangen.

Bonito hat mir gezeigt, dass alles möglich ist, auch die Entwicklung vom unrittigen Freizeitpferd zum Europameister. Und durch die finanziellen Möglichkeiten, die uns sein Verkauf brachte, steht er auch für den Beginn unseres Weges in den großen Reitsport und in unsere berufliche Zukunft hier in Aubenhausen.

Damals, als ich mit ihm so erfolgreich war, ahnte ich nicht, was mir noch bevorstand. Aber ich bin Bonito sehr dankbar, dass er mir einen ersten Vorgeschmack auf das unvergleichliche Siegergefühl möglich gemacht hat. Oder scherzhaft ausgedrückt: Er war das Pferd, das mir die Möhre vor die Nase gehalten hat, um mich einen Schritt weiter zu locken.

Duchess –
Titelverteidigung mit Hindernissen

Bonito war etwa zwei Jahre bei uns, als die Hannoveraner-Stute Duchess in Aubenhausen einzog. Sie war damals vier Jahre alt. Ich übernahm sie, als sie fünf Jahre alt war und ich Ende fünf-zehn. Von da an habe ich sie gemeinsam mit unserem damali-gen Trainer Stefan Münch ausgebildet. Von der A-Dressur bis zum Grand Prix durfte ich sie selbst auf Turnieren vorstellen.

Übrigens gehört sie auch heute noch zur Familie. Ursprüng-lich hatten wir vor, mit ihr nach ihrer aktiven Turnierzeit zu züchten, aber das hat leider nicht geklappt. Jetzt lebt sie mit ihrer Freundin Landliebe in der schönen Holledau und genießt ihr Rentnerinnen-Dasein auf riesigen Weiden.

Duchess hatte einen viel stärkeren Einfluss auf mich und meine Entwicklung, als ich zunächst erwartete. Wir hatten schon eini-ge Erfolge gefeiert, aber nichts Spektakuläres, als sie 2003 bei der Europameisterschaft der Jungen Reiter in Saumur in Frank-reich als mein Ersatzpferd einspringen musste. Bonito hatte sich kurz zuvor leicht verletzt, und ich wusste nicht, ob er bis zum Championat wieder voll fit sein würde. Es war wie ein Déjà-vu-Erlebnis, schließlich war es noch gar nicht lange her, dass ich eine ähnliche Situation mit Nokturn und Bonito erlebt hatte!

Duchess war damals erst sieben Jahre jung – sehr jung für ein Pferd in der S-Dressur, die bei den Jungen Reitern geritten wird. Ich war schon stolz, dass sie bei den Sichtungen immer unter die Top fünf gekommen war. Aber sie war eben nicht Bonito, mit dem ich damals eine unglaubliche Siegesserie hatte. Mit ihm zusammen wäre ich die absolute Titelfavoritin bei der EM gewesen.

Nie hatte Bonito gelahmt, keine Verletzungen, nichts. Und ausgerechnet eine Woche vor der Europameisterschaft hatte er sich in der Box beim Wälzen das Bein angeschlagen! Es war nichts Ernstes, aber er lief einfach nicht ganz rund. Im ersten Moment war ich am Boden zerstört, denn damit war meine Favoritenrolle dahin, die mir und meinem Selbstvertrauen so gutgetan hatte.

Doch ich war auch in diesem Jahr wieder in der glücklichen Situation, dass ich noch eine zweite Karte im Spiel hatte: Dank der guten Platzierungen auf den Sichtungsturnieren mit Duchess stand mir die Möglichkeit offen, statt mit Bonito mit ihr zur Europameisterschaft nach Saumur zu fahren. Es war nicht das Gleiche, aber auf jeden Fall ein Trost.

Die Fahrt nach Frankreich – Saumur liegt relativ weit im Westen des Landes, direkt an der Loire – wurde besonders angenehm gestaltet, es gab einen Zwischenstopp, bei dem wir die Pferde bewegen und umsorgen konnten, eine optimale Art des Reisens. Trotzdem hatte Duchess, als wir ankamen, eine leichte Kolik, und niemand wusste, warum. Ihr ging es nicht wirklich gut. Allmählich bekam ich den Eindruck, es sollte einfach nicht sein, es war wie verhext.

Objektiv betrachtet waren wir zu dieser Zeit das schwächste Paar in der deutschen Mannschaft. Das hieß, ich sollte eigentlich am ersten Turniertag als Erste des deutschen Teams starten (die Mannschaftswertung wird aufgrund der hohen Starterzahl immer an zwei Tagen durchgeführt). Weil Duchess nun aber gesundheitlich angeschlagen war, entschieden die Offiziellen unter der Leitung von Bundestrainer Hans-Heinrich Meyer zu Strohen, dass ich stattdessen als Letzte am zweiten Turniertag starten würde, damit Duchess sich länger erholen konnte. Eine Entscheidung, für die ich immer noch äußerst dankbar bin.

Als hätten wir im Zusammenhang mit dieser Europameisterschaft nicht schon genug Aufregung erlebt – mein Erstpferd verletzt, mein Zweitpferd nicht hundertprozentig fit –, machte es dann auch noch das Team spannend. Als ich am zweiten Tag als letzte Reiterin startete, tat ich es mit einem ungeheuren Druck im Nacken, denn die Niederländer lagen vorn, und ich musste auf eine Punktzahl von 72 oder 73 Prozent kommen und außerdem auch noch die Prüfung gewinnen, damit wir als Mannschaft die Goldmedaille erreichen konnten.

Und um das letzte i-Tüpfelchen obendrauf zu setzen, wurde die ohnehin schon schwierige Situation noch dadurch verschärft, als unmittelbar vor meinem Einritt ganz plötzlich ein irrer Platzregen herunterkam. Alle spannten ihre Regenschirme auf, und ich kam zuerst gar nicht mehr um das Viereck, um einzureiten. Duchess hatte sich furchtbar erschrocken und lief nur noch rückwärts. Gnadenlos ertönte das Klingelzeichen der Richter – noch vierzig Sekunden, um ins Viereck zu kommen. Und ich sah überall nur diese Regenschirme! »Komm, Mädchen, komm, Mädchen, wir schaffen das«, forderte ich Duchess auf, kniff die Beine zusammen und ließ sie galoppieren, damit ihre Anspannung ein Ventil fand. Dass ich überhaupt ins Viereck kam, grenzte an ein Wunder. Und meine Beine habe ich wohl erst am Ende der Prüfung wieder entspannt.

> Dass ich überhaupt ins Viereck kam, grenzte an ein Wunder. Und meine Beine habe ich wohl erst am Ende der Prüfung wieder entspannt.

Es war ein unglaublicher Krimi. Aber irgendwie musste das alles wohl so sein. Denn am Ende standen tatsächlich die 73 Prozentpunkte auf der Anzeigentafel, und ich gewann mit dieser siebenjährigen Stute die alles entscheidende Prüfung. Damit hatten wir mit der Deutschen Mannschaft tatsächlich doch noch Gold gewonnen. Wir konnten unser Glück kaum fassen, und die Mannschaft feierte mich als Heldin. Auf einmal wieder ein so hochgeschätztes Mitglied im Team zu sein, war ein gutes Gefühl.

Die Heldenverehrung endete doch recht schnell: Schon vom nächsten Tag an war ich für die anderen auf einmal eine ernst zu nehmende Konkurrentin. Bei den Einzelwertungen wurde schon nicht mehr ganz so laut gejubelt. Gut, dass auch mein Bruder Teil dieser Mannschaft war. Er hat schon immer zu mir gehalten, Konkurrenz hin oder her.

Meinen Einzeltitel konnte ich zwar in diesem Jahr nicht verteidigen, aber ich wurde Vizeeuropameisterin mit meinem erst siebenjährigen Ersatzpferd, und das war für mich nach all dem Krimi in den Tagen zuvor noch viel mehr wert als der Einzeltitel. Und ein Jahr später wurden wir gemeinsam Einzeleuropameister und gewannen auch die Goldmedaille mit der Deutschen Mannschaft.

Duchess durfte mich etwas später, nach dem Abitur 2005, übrigens auch nach England begleiten. Benjamin, der ein Jahr vor mir mit dem Gymnasium fertig war, besuchte in der Zwischenzeit die Sportschule der Bundeswehr in Warendorf. Direkt nach meinem Abitur sind wir gemeinsam für drei Monate nach England gezogen, um in einer Sprachenschule in Oxford unser Englisch aufzupolieren. Mit dabei war auch Benjamins damalige Freundin. Wir haben dort in unterschiedlichen Gastfamilien gelebt, damit wir so richtig in die englische Sprache eintauchen konnten. Wir wollten uns weiterentwickeln und zeigten uns auch bereit, dafür unsere Komfortzone zu verlassen.

Unsere Hauptmotivation für den Aufenthalt in England war die Sprache, und das war auch gut so, denn unser Schulenglisch war nicht wirklich brauchbar. Aber wir wollten deshalb das Reiten nicht vernachlässigen. Es war schon großartig, dass jeder zwei Pferde mitnehmen konnte. Meine Pferde Duchess und Duke und Benjamins Pferde waren auf demselben Hof untergebracht, und wir hatten zusammen einen Leihwagen, sodass wir nach der Schule dorthin fahren und reiten konnten.

In England waren wir auf einmal weg von unseren Eltern, weg von der Familie und raus aus der gewohnten, beschützenden Umgebung. Auch weg von unserem Trainer Stefan. Das war für uns eine Riesenumstellung, denn damit blieb uns gar nichts anderes übrig, als selbstständig zu denken. Am Anfang haben wir bei allem, was mit unseren Pferden zu tun hatte, noch überlegt: Was würde Stefan jetzt sagen? Aber jetzt waren wir auf uns allein gestellt. Irgendwie musste ich lernen, mehr meiner Intuition zu folgen, gepaart mit dem Wissen, das Stefan uns über die Jahre gelehrt hatte. Um ehrlich zu sein, war das anfangs ganz schön schwer, und ich war mir in vielen Situationen sehr unsicher. Doch mein Bruder und ich entwickelten bald neue, eigene Ideen, wurden immer neugieriger und fingen an, uns gegenseitig im Training zu unterstützen. Da kündigte sich bereits eine Zäsur an – das Ende unseres Aufenthalts in England fiel auch recht genau mit dem Ende unserer Junge-Reiter-Zeit zusammen.

DIE PRÄGENDEN LERNGESCHENKE

Unsere speziellen Erfahrungen haben unsere bisherige Reitkarriere geprägt und uns – wenn ich das sage, spreche ich auch für meinen Bruder – einen ganz eigenen Weg aufgezeigt. Ich fühle mich sehr wohl auf unserem Weg mit den Pferden als Partner, weiß aber auch, dass dieser Weg niemals endet und wir nie aufhören dürfen zu lernen.

Mir ist bewusst, dass ich in der Öffentlichkeit fast immer einen sehr sonnigen Eindruck mache. Doch bei mir läuft auch nicht alles glatt und nach Plan. Es gibt immer wieder Rückschläge, Unsicherheiten und neue Weggabelungen, an denen es gilt, die richtigen Entscheidungen zu treffen.

Ich möchte immer weiter lernen, von meinen Pferden und von Pferdemenschen, die mich inspirieren. Neugierig und offen bleiben für neue Impulse, mich beraten und begleiten lassen, auf meine innere Stimme hören und meinen Pferden zuhören.

Die Pferde sind dabei enorm wichtig, denn sie sind mein Spiegel. Sie zeigen mir meine Schwächen und meine Stärken. Mir ist es wichtig, an mir zu arbeiten und vor allen Dingen die Zeit mit meinen Freunden zu genießen, den vierbeinigen und den zweibeinigen.

Ich möchte in diesem Buch stellvertretend für all die tollen Pferde, die mich auf meiner Reise bisher begleitet haben, ein paar Pferde hervorheben, denen ich ganz besondere Lerngeschenke verdanke. Erfahrungen – gute wie schlechte, traurige wie schöne – als Lerngeschenke zu begreifen, ist mir zur Lebenshaltung geworden. Es schenkt mir eine grundsätzliche Offenheit für Veränderungen und hilft mir, auch Bewährtes loszulassen. Und es verleiht meinen Rückschlägen und schmerzhaften Erfahrungen einen Sinn, sodass ich an ihnen wachsen kann.

Das Beste geben und
doch loslassen

»Immer mein Bestes geben« und »Loslassen, wenn es ums Ergebnis geht«: Diese beiden Aussagen bilden nur scheinbar ein Paradoxon. Ein Beispiel dafür war meine Vorbereitung auf die Olympischen Spiele in Rio 2016. Da habe ich wirklich mein absolut Bestes gegeben, war fit wie noch nie, habe mehr Sport gemacht als je zuvor. Ich habe alles nur Denkbare getan, um in Rio dabei zu sein, und dann war ich nicht qualifiziert.

Wenn mich im März 2016 jemand gefragt hätte, ob ich in Rio starten würde, hätte ich mit großer Überzeugung: »Ich denke schon« gesagt. Ich war zu diesem Zeitpunkt die Nummer vier der Weltrangliste, war bei allen Weltcup- und anderen internationalen Turnieren, bei denen ich angetreten war, unter die ersten drei gekommen, immer vorne mit dabei. Unee und ich waren in Topform, wir brachten konstant gute Leistungen. Mindestens 75 Prozent, in der Kür mindestens 80 Prozent: Das waren damals Spitzenergebnisse. Selbst im Weltcup-Finale 2016 war ich noch Dritte, beim Turnier in Hagen im April ebenso, mit über 77 Prozent.

Ich habe alles nur Denkbare getan, um in Rio dabei zu sein – und dann war ich nicht qualifiziert.

Und dann kam die Deutsche Meisterschaft in Balve, gleichzeitig die erste Sichtung für den Olympiakader, und ich wurde nur noch Fünfte, mit 74 Prozent. Ich konnte das erst einmal gar nicht fassen, da wir technisch keine echten Fehler hatten. Aber das war auch nicht das Problem. Das Problem war, dass urplötzlich zwei neue Pferde auf der großen Bühne aufgetaucht waren: Cosmo mit Sönke Rothenberger und Showtime mit Dorothee Schneider im Sattel. Und die beiden waren auf einmal vor mir.

Damit hatte ich nicht gerechnet. Isabell Werth und Kristina Bröring-Sprehe waren vor mir, ganz klar. Sie waren für mich sozusagen gesetzt. Aber dann kam eigentlich ich. Oder besser: wäre gekommen. Denn die beiden »Neuen«, die da an Unee und mir vorbeizogen, waren unglaublich gut, das konnte ich anerkennen.

Unee und ich kämpften auch bei der zweiten offiziellen Sichtung beim CHIO in Aachen unverdrossen weiter, brachten Leistung und gönnten uns keine Patzer. Aber die anderen taten es auch nicht. Wäre ich Bundestrainerin gewesen, hätte ich wohl genauso entschieden: Am Ende bestand das Olympiaquartett für Rio aus Isabell Werth mit Weihegold, Kristina Bröring-Sprehe mit Desperados, Sönke Rothenberger mit Cosmo und Dorothee Schneider mit Showtime. Ich war raus und nur noch Reserve.

Das war hart, sehr hart, um ganz ehrlich zu sein. Denn mein großer Traum von Olympia war erst einmal geplatzt.

Heute kann ich sagen, es war auch eine extrem wichtige Erfahrung für mich. Das Entscheidende war nämlich: Ich hatte mein absolut Bestes gegeben, und ... nein, es wäre falsch zu sagen, es hätte nicht gereicht: Andere »Pferd/Reiter-Kombinationen« waren besser als wir. Das entzog sich meinem Einfluss.

Rückblickend heißt das folglich auch: Ich musste mir nicht den Vorwurf machen, nicht alles gegeben zu haben. Ich war in Bestform, Unee war in Bestform, wir sind bei uns geblieben und haben unsere Stärken ausspielen können. Und wenn es dann nicht reicht, so ist das bitter, aber schlicht und einfach nicht zu ändern.

Das war aber nur »Loslassen für Anfänger«, denn die äußeren Umstände sorgten ja dafür, dass mir gar nichts anderes übrig blieb. »Loslassen für Fortgeschrittene« sieht für mich noch mal

Das war aber nur »Loslassen für Anfänger«, denn die äußeren Umstände sorgten ja dafür, dass mir gar nichts anderes übrig blieb. »Loslassen für Fortgeschrittene« sieht für mich noch mal anders aus.

anders aus. Vielleicht erkläre ich es am besten, indem ich zunächst sage, was Loslassen für mich nicht bedeutet.

Loslassen heißt ausdrücklich nicht, dass ich nicht aktiv werde. Selbstverständlich bereite ich mich auf ein Turnier vor. Ich arbeite tagtäglich sehr fokussiert mit meinen Pferden. Ich sorge dafür, dass ich körperlich fit bin. Ich nutze vielfältige Möglichkeiten, mir Beratung und Unterstützung zu holen, ohne mich dabei von meinem eigenen Weg ablenken zu lassen.

Loslassen heißt auch nicht, dass ich mich einfach zurücklehne und mich meinem Schicksal überlasse, nach dem Motto: Was geschehen soll, wird geschehen.

> Für mich heißt Loslassen: Ich denke so wenig wie möglich an ein Ergebnis, sondern konzentriere mich voll und ganz aufs Erlebnis.

Ebenso wenig heißt Loslassen für mich, sich auf die einfache Variante von positivem Denken zu verlassen: Wird schon gut gehen.

Aber wenn Loslassen so nicht funktioniert, wie denn dann?

Für mich heißt Loslassen: Ich denke so wenig wie möglich an ein Ergebnis, sondern konzentriere mich voll und ganz aufs Erlebnis. Ich konzentriere mich auf den Weg, beschäftige mich nicht so sehr mit dem Ergebnis. Das ist nicht leicht, schon gar nicht als Profisportlerin mit großen Zielen. Während des Trainings und in der Vorbereitung auf ein Turnier bin ich im kontinuierlichen Verbesserungsprozess, im Kontakt mit meinen Pferden. Ich genieße diesen Prozess, und ich tue das, was ich tue, mit ganzem Herzen. Das heißt, ich bin aktiv und halte mein Leben in der Hand. Ich arbeite für meine Ziele und für meinen Erfolg. Ich erhebe auch meine Stimme, wenn ich den Eindruck habe, dass etwas falsch läuft. Auf den ersten Blick könnte man meinen, das alles stünde im Widerspruch zur Forderung, loszulassen. Aber so ist es ganz und gar nicht. Beides gehört eng zusammen. Ein japanisches Sprichwort sagt: Verfolge dein Ziel, als ob du es nicht hättest. Das bringt es wohl am besten auf den Punkt.

Konkret habe ich das mit Dalera beim Grand Prix in Neumünster Anfang 2020 wieder erlebt. Ich wollte den Erfolg aus tiefstem Herzen und war aufgeregt. Dazu kam, dass wir ein paar »technische Probleme« mit der Zäumung hatten, die ein Abreiten, wie ich es sonst mache, verhinderten. Als ich in die Arena einritt, habe ich zu Dalera gesagt: »So, Mädchen, jetzt können wir eh nichts mehr tun. Jetzt schauen wir einfach, was heute geht, und tanzen.« Und dann ab in den Tunnel. Ganz im Moment sein. Nicht ans Gewinnen denken. An die Prozentpunkte. Oder irgendein Ergebnis. Präsent sein. Einfach reiten. Tanzen.

Leichter gesagt als getan: Den Fehler, eben doch ans Gewinnen zu denken, habe ich in meinem Leben schon oft genug gemacht. Ich weiß auch, ich kann das nicht einfach abschalten.

Leichter gesagt als getan: Den Fehler, eben doch ans Gewinnen zu denken, habe ich in meinem Leben schon oft genug gemacht. Ich weiß auch, ich kann das nicht einfach abschalten. Das ist, als würde ich mir verbieten, an einen rosaroten Elefanten zu denken – das geht garantiert schief, und der kitschige Dickhäuter steht bildhaft mitten im Zimmer. Ich darf wirklich immer wieder üben, mich von dem Gedanken ans Ergebnis frei zu machen. Und für mich herausfinden, was mir dabei hilft. Bis es irgendwann klappt. Der Witz ist, wenn es so weit ist, merke ich es gar nicht.

In Neumünster habe ich es geschafft, mich trotz der ganzen Aufregung mit meiner kindlichen Begeisterung zu verbinden. Ich habe mich an das kleine Mädchen in mir erinnert, das unbedingt lernen wollte, mit Pferden zu tanzen. Das Bewusstsein, dass ich das jetzt tun durfte, half mir sehr, präsent zu sein. Im Hier und Jetzt zu leben bedeutet für mich auch, im Vertrauen zu sein. Ebenso wie Angst ist das erhoffte Ergebnis im Sport eine Projektion in die Zukunft. Alles, was ich beeinflussen kann, ist der Moment im Hier und Jetzt.

Perspektivwechsel

Im Zuge meiner nächsten Olympia-Vorbereitungen für Tokio 2020/21 (die ich inzwischen dank Corona auch loslassen durfte, wenn auch aus völlig anderen Gründen ...) habe ich mich gefragt, was mir denn im schlimmsten Fall passieren kann – also wenn alles schiefgeht und der Erfolg komplett ausbleibt. Auf diesen Gedanken hat mich Felix Gottwald gebracht, ein toller Mensch und Coach, selbst mehrfacher Olympiasieger in der Nordischen Kombination. Er hat mich gefragt: »Wie würde die Teilnahme an den Olympischen Spielen dein Leben verändern? Und andersherum: Was verändert sich in deinem Leben, wenn du nicht hinfährst?« Interessante Überlegung. Jetzt könnte ich noch hinzufügen: »Und wie verändert sich dein Leben jetzt, da klar ist, dass es im Jahr 2020 gar keine Olympischen Spiele in Tokio geben wird? Dass sich das alles um ein Jahr verschieben wird. Neues Spiel, neues Glück?«

Die Antwort hat mich erst mal zum Schmunzeln gebracht: Nichts kann passieren. Jedenfalls nichts Lebensentscheidendes. Auch wenn ich mit Dalera in Neumünster ohne jeden Erfolg geblieben wäre, hätte sich an den wichtigen Dingen in meinem Leben nichts, gar nichts geändert. Und es ändert sich auch jetzt nichts, da für mich klar ist, dass ich die vermeintlich so entscheidenden Wochen im Sommer 2020 in Aubenhausen verbringen werde und nicht in Japan. Ich hatte mich auf eine mögliche Nominierung gefreut, hatte gehofft, dabei zu sein, auch weil ich den Wettkampf liebe. Ich bin Leistungssportlerin, liebe es, mich zu pushen und meine Grenzen zu verschieben. Aber in meinem tiefsten Inneren, in meinem Lebensinhalt, dem, was für mich wirklich zählt, weiß ich, dass meine Familie, meine Freunde und, ja, auch meine Pferde würden mich nicht mehr oder weniger lieben.

Auch als ich mich 2016 nicht für Rio qualifiziert hatte, war das letzten Endes so. Das heißt ganz und gar nicht, dass es mir nichts ausgemacht hätte, das wäre gelogen. Selbstverständlich hat mir das etwas ausgemacht! Ich war so enttäuscht, dass ich nicht einmal Lust hatte, die Dressur im Fernsehen mitzuverfolgen. Ich war extrem traurig, fühlte mich verletzt und konnte nicht so mühelos zur Tagesordnung übergehen, als wäre nichts geschehen, als wäre nicht eine große Hoffnung zerbrochen. Aber ich habe doch schnell realisiert, dass die wichtigen Dinge in meinem Leben davon unberührt geblieben waren.

Ich war extrem traurig, fühlte mich verletzt und konnte nicht so mühelos zur Tagesordnung übergehen, als wäre nichts geschehen, als wäre nicht eine große Hoffnung zerbrochen. Aber ich habe doch schnell realisiert, dass die wichtigen Dinge in meinem Leben davon unberührt geblieben waren.

Und so hat mich die bittere Rio-Erfahrung etwas gelehrt, das mir seitdem oft genützt hat und vor allem aktuell nützt. Ich weiß: Ob ich im Juli 2021 nach Tokio fliege oder nicht, ich kann weiterhin das tun, was ich am meisten liebe: mit Pferden leben und arbeiten. Und ob die Verschiebung der Olympischen Spiele in meinem Fall Glück oder Unglück bedeutet, weiß ich sowieso frühestens im Sommer 2021.

In der Zwischenzeit gebe ich tagtäglich mein Bestes. Ich kann nur weiter lernen und üben, um im entscheidenden Moment alles bei mir zu haben, was ich brauche.

Mit Hingabe und Freude arbeite ich weiter. Ich vertraue

darauf, dass Gutes daraus erwächst, wenn ich mein Bestes gebe. Ich erlaube mir den Erfolg und setze alles auf die eine Karte, die aktuell vor mir liegt. Ich habe keinen Plan B parat, das würde mich zu viel Energie kosten. Wenn ich einen Plan B hege und pflege, beschäftige ich mich zu viel mit dem Scheitern, davon bin ich überzeugt. Also lasse ich es lieber. Obwohl ich natürlich auch gelegentlich zweifle.

Wenn ich spüre, dass mich etwas besonders stark beschäftigt, höre ich schon auch hin. Das wird nicht einfach unter den Teppich gekehrt. In der Meditation gibt es eine Grundregel, die sich auch hier gut anwenden lässt: Wenn sich etwas eher lauwarm anfühlt, ist es nicht besonders wichtig für mich. Wenn es sich sehr gut anfühlt, verfolge den Weg weiter. Und wenn es richtig wehtut, schau genau hin, warum das so ist. Vielleicht verbirgt sich hinter der Sperre, die du da wahrnimmst, eine neue Herausforderung, an der du arbeiten darfst – ein Lerngeschenk, wie ich es gerne nenne.

Die Vorbereitung eines besonders wichtigen sportlichen Ereignisses, die schon Monate vor dem »großen Tag« beginnt und einen langen Atem von mir verlangt, vergleiche ich gerne mit der Tour de France. Es gibt viele Etappen (die Turniere), die alle zählen. Anstrengende Bergetappen, hektisches Zeitfahren, Mannschaftsleistungen, Einzelleistungen, die tägliche Bemühung um eine Spitzenleistung. Gelbes Trikot, grünes Trikot, Tagessiege und Misserfolge. Mag sein, dass ich am Ende im Triumph die Champs-Élysées hinunterfahre, an der Spitze des Feldes, noch auf den letzten Metern angefeuert von denen, die mir Gutes wünschen. Mag sein, dass ich nicht vorn liege oder es gar nicht bis dorthin schaffe. In jedem Fall ist der Weg bis dahin wichtig, und ich möchte nächstes Jahr wieder dabei sein.

Ich habe keinen Plan B parat, das würde mich zu viel Energie kosten. Wenn ich einen Plan B hege und pflege, beschäftige ich mich zu viel mit dem Scheitern, davon bin ich überzeugt. Also lasse ich es lieber.

In den Tagen vor einer Prüfung, wenn die Nervosität steigt, liegt eine solche Etappe direkt vor mir. Und noch mehr in dem Moment, wenn ich ins Prüfungsviereck einreite. Aber letztlich geht es immer darum, mich weiterzuentwickeln, an meinen Herausforderungen zu wachsen. Mit neuen Pferden, mit demselben Pferd ... Ich liebe es einfach, Pferde auszubilden und in den großen Sport zu bringen.

Vor einiger Zeit habe ich ein wunderbares Buch gelesen, das den Titel trägt: Leben heißt loslassen. Geschrieben hat es Matt Galan Abend, der gar nicht weit von uns entfernt im Chiemgau lebt. Er schreibt: »Wir machen uns gar nicht klar, wie viel Energie uns das Festhalten kostet. Aber nur wenn wir loslassen, können wir uns dem ständigen Wandel des Lebens, dem Entstehen und Vergehen, dem Kommen und Gehen anvertrauen, nur dann können wir im Fluss der Schöpfung sein.«

So paradox es klingt: Diese Erfahrung lässt mich seitdem nicht mehr los, denn Loslassen ist wirklich ein wichtiger Schlüssel für ein erfülltes Leben.

Das erlebe ich nicht nur mit Blick auf sportliche Großereignisse, sondern auch immer wieder in meinem Alltag als Reiterin. Beim Reiten selbst bin ich zwar der führende Part und versuche die Kontrolle über meinen Körper und die gesamte Situation zu behalten, allein schon, um meinem Pferd Sicherheit zu vermitteln. Aber dahinter steht eben auch wieder meine Fähigkeit zum Loslassen. Ich gebe meinen Kopf, meine Gedanken frei und überlasse mich dem Fühlen. Wenn ich reite, ist es mein Ziel, alles um mich herum loszulassen und mich nur noch auf das zu konzentrieren, was ich tatsächlich beeinflussen kann: die möglichst feine und genaue Kommunikation zwischen dem Pferd und mir.

Wie es dann läuft, das kontrolliere ich nicht. Wenn ich in der Vergangenheit unbedingt allen zeigen wollte, was in mir und meinem Pferd steckte, passierten immer dicke Fehler. Nur wenn ich es schaffte, loszulassen, gelang der Erfolg – und dann sah alles ganz leicht aus.

Auch was die äußeren Bedingungen betrifft, durfte und darf ich immer wieder üben, loszulassen. Wenn ich mein Pferd auf einem Turnier vorstelle, kann ich nur noch mein eigenes Reiten und meine Kommunikation mit meinem Pferd beeinflussen. Ich habe aber keinerlei Einfluss auf die äußeren Umstände: auf den ausgelosten Startplatz, auf die Bewertung der Richter, auf die Konkurrenten, die Platzziffer ... Das darf ich bei jedem Turnier wieder üben. Ich kann den Input liefern und mein Bestes geben. Aber ob das reicht? Wenn ich im Reitsport wirklich gut sein möchte, darf ich lernen, Input zu geben und den Output loszulassen. Das Ergebnis kann ich überhaupt nicht beeinflussen oder gar erzwingen. So ist mir das Loslassen mit zu einem wichtigen Lernprinzip geworden. Und auch da lerne ich immer weiter.

Dem Weg vertrauen

Und in meiner Rolle als Unternehmerin? Ich will nur ein Beispiel nennen: Wenn wir das Gefühl haben, wir *müssten* ein Pferd verkaufen, wird es schwierig. Meistens klappt es dann nicht, oder es stellen sich ungeahnte Schwierigkeiten in den Weg. Wenn wir das Thema bewusst loslassen (oder wenn wir uns einfach keine Gedanken mehr darüber machen, weil der Verkauf nicht gar so wichtig ist), gelingt es uns viel eher. Da hilft es aber nichts, sich das einzureden, ich muss es im Inneren spüren: Der richtige Kunde für dieses oder jenes Pferd wird kommen, das weiß ich. Bei einem Pferd, das wir Ende 2019 verkauft haben, hatten wir noch nicht einmal ein Verkaufsvideo gedreht. Es war offiziell gar nicht auf dem Markt. Und trotzdem – oder genau deshalb – fand sich der Käufer, der perfekt zu ihm passte.

Bei vielen nicht-materiellen Dingen ist Loslassen unsere einzige Chance, um weiterzukommen. Ich will in diesem Zusammenhang kurz von meinem Vater erzählen, der eine sehr wichtige Rolle in meinem Leben spielt. Für mich ist er ein kluger und immer ansprechbarer Berater, auch wenn ich erst lernen musste, seinen Rat so ohne Weiteres anzunehmen. In meinen Augen ist er ein sehr weiser Geschäftsmann, der mir nicht empfiehlt, mich an (scheinbare) Sicherheiten zu klammern, sondern mir Mut macht, Dinge auszuprobieren und dann abzuwarten, was daraus wird. Bei Projekten wie unserer Aubenhausen-Kollektion oder dem Online-Fitnessprogramm DressurFit – übrigens auch bei der Idee zu diesem Buch – hat er mir immer wieder geraten, es einfach zu machen.

Ganz sicher habe ich mein Unternehmer-Gen von meinem Papa geerbt. Bei aller Verspieltheit und Leichtigkeit bin ich Unternehmerin mit Haut und Haaren. Ich bin sehr zielstrebig, diszipliniert, sehr effizient in dem, was ich tue, und sehr mutig in kleinen Dingen. Das habe ich mir mit Sicherheit von meinem Vater abgeschaut, der ebenfalls sehr ehrgeizig und zielstrebig ist und uns vorgelebt hat, was es heißt, hart zu arbeiten. Außerdem ist er sehr mutig – in großen Dingen. Sonst hätte er die damals marode Büromöbel-Firma, die er geerbt hatte, nie zu ihrem großen Erfolg führen können. Und auch Aubenhausen gäbe es so nicht.

Gleichzeitig hatte ich lange Zeit das Gefühl, dass mir mein Vater sozusagen »im Nacken sitzt«. Ich wollte ihm unbedingt gefallen, wollte ihm beweisen, dass ich gut bin. Das hat mich oft gestresst, belastet und blockiert. Erst als ich etwa mit Mitte zwanzig gelernt habe (auch mithilfe von meinen Coach Holger Fischer), mich davon frei zu machen, konnte ich mich so richtig auf seinen Rat einlassen.

Das Problem beim Loslassen ist ja: Es sagt sich so leicht. Loslassen als Aufgabe, mit der ich mich unter Druck setze, kann nicht gelingen. Aber bis es eingeübt und verinnerlicht ist, dauert es und erfordert Geduld, Vertrauen und Wohlwollen mit mir selbst. Das Leben bietet uns immer wieder neue Gelegenheiten, etwas (oder jemanden) loszulassen. Mir des Loslassens innerlich bewusst zu sein, damit ich ihm Raum geben kann, hilft sehr. Es gelingt mir mal mehr und mal weniger gut.

Ein Schlüsselbegriff in diesem Zusammenhang ist für mich »Vertrauen«. Wenn ich loslasse, vertraue ich darauf, dass es eine höhere Kraft gibt und dass alles seinen Grund hat, auch wenn ich ihn im ersten Moment nicht verstehe. Nichts geschieht einfach so.

Ein zweiter Schlüsselbegriff ist für mich »Geduld«. Auch hier bietet uns das Leben unglaublich viele Gelegenheiten zum Lernen, ich nenne sie Lerngeschenke.

In meiner Arbeit mit den Pferden bin ich extrem geduldig. Ich weiß nicht, ob das einfach ein angeborenes Talent ist oder ob mich die langjährige Arbeit mit unserem ersten Trainer Stefan Münch so stark geprägt hat. Er war außerordentlich geduldig mit den Pferden.

> Loslassen als Aufgabe, mit der ich mich unter Druck setze, kann nicht gelingen. Aber bis es eingeübt und verinnerlicht ist, dauert es und erfordert Geduld, Vertrauen und Wohlwollen mit mir selbst.

Doch im ganz normalen Leben, im Umgang mit anderen Menschen und mit Situationen, die ich gern anders hätte, darf ich noch viel Geduld üben.

Der dritte Schlüsselbegriff für mich ist ein ganzer Satz: »Alles ist ein Geschenk auf Zeit.« In Bezug auf materielle Güter ist das noch einigermaßen leicht zu akzeptieren. Aber die Tiere, die mit uns leben, die Menschen, die ihr Leben mit uns teilen, »mein« Bruder, »meine« Eltern, »mein« Mann, »mein« Sohn? So schwer es mir fällt, das zu akzeptieren, weil ich sie alle so sehr liebe: Sie gehören mir nicht. Sie sind ein Geschenk auf Zeit, und ich werde irgendwann an den Punkt kommen, wo ich sie gehen lassen muss. Oder sie mich. Wenn ich mich dabei erwische, festzuhalten, versuche ich mich immer wieder daran zu erinnern: »Wir kommen ohne alles in diese Welt und gehen ohne alles von dieser Welt.«

Ich bin davon überzeugt, dass wir Seelen sind, die für eine Weile zu Gast in einem Körper leben dürfen und die ihre Aufgaben haben auf dieser Welt.

Und ich glaube, mit diesem wichtigen Thema komme ich nie ganz zum Ende. Es wird mich bis an mein Lebensende beschäftigen, wenn ich ein letztes Mal loslassen darf.

Gut hinhören und Rat annehmen

Das Loslassen ermöglicht mir Offenheit – auch die Offenheit, Rat annehmen zu können. Wenn ich richtig gut werden will – egal auf welchem Gebiet –, finde ich es unerlässlich, mich beraten zu lassen. Ich gehe meinen Weg nicht allein, sondern bin ständig im Austausch mit anderen Menschen. Das gilt nicht nur für meine Familie und mein Team, sondern auch für den Kontakt zu zahlreichen Experten.

Futterexperten, Tierärzte, Physiotherapeuten, Osteopathen, Hufschmiede, die verschiedenen Trainer, die mit uns arbeiten – sie alle haben etwas beizutragen. An mir ist es, offen zu bleiben und Hilfe und auch Kritik anzunehmen.

Diese Offenheit durfte ich erst lernen. Gerade am Anfang, als ich noch unsicherer war, fiel es mir schwer, die richtige Balance zu finden zwischen Expertenwissen und meinem eigenen Gefühl, um die bestmöglichen Entscheidungen für meine Pferde und mich treffen zu können.

So arbeiten wir in Aubenhausen auch mit unterschiedlichen Trainern, die alle ihre eigenen Erfahrungen und Ideen ins Training einfließen lassen. Die beiden Bundestrainer Monica Theodorescu und Jonny Hilberath stehen uns auf all den inter-

Unser erstes Reitturnier für meinen Bruder Benjamin und mich 1991

Sie waren noch Fohlen, als wir sie bekommen haben, Little Girl und Lady

Mit Little Girl wurde ich so richtig zur Pferdemama

Auch Turnierkarrieren fangen irgendwann an. Mein erster Reitwettbewerb 1991
mit Schulpferd Voltaire, liebevoll »Wolle« genannt

Das kleine Hufeisen mit Schulpferd Bubi erwarb ich ein Jahr später, 1992

Stolz halten Benjamin und ich unsere Urkunden in die Kamera

Zehn Jahre später, 2002, feiern mein Bruder und ich mit unserem Trainer Stefan Münch
Goldmedaillen bei der Europameisterschaft

Mit Nokturn direkt nach der Nominierung für den Bundeskader 2001

Europameisterschaft in Barzago 2005 – mit Duchess und Sam in der Einzelwertung Gold und Silber und gemeinsam Mannschaftsgold

Duchess 2003 – das Jahr, in dem sie für Bonito bei der Europameisterschaft eingesprungen ist

Bonito beim Finale des Nürnberger Burg-Pokals 2002

Dophin BB einen Tag vor Moritz' Geburt

So sieht sie aus, die Kombination aus Muttersein und Profisportlerin – Stillen direkt nach der Prüfung

Vier Wochen nach
der Geburt – mit meinem
Sohn und Zaire bei
meinem ersten Turnier als
junge Mutter

Beim Weltcupturnier in
S'Hertogenbosch im März
2018 sitzt Moritz zum ersten
Mal auf einem Pferd (Zaire)

Auszeit 2019 auf Kos,
mit meinem Mann Max
und Moritz

Familienausflug zum Weltcup
nach Göteborg 2018

Auf dem Weg zum Standesamt
mit Paul Elzenbaumer
als Kutscher und unseren
Shetlandponys Resi und Rosi

Quelle der Inspiration und Energie – ein Yoga-Workshop in Indien im Januar 2017

Im Mutterglück – mit Moritz 2019

Geschwisterpower in Aubenhausen – wir teilen die Leidenschaft und die Verantwortung

Deutsche Meisterschaft in Balve 2018
mit meinen Eltern, Micaela und Klaus, und
meinem Bruder Benjamin

Geschafft! Gemeinsame Freude mit Beatrice Bürchler-Keller, unserer Freundin und Unterstützerin — Weltcup-Finale in Paris 2018

nationalen Turnieren mit Rat und Tat zu Seite und kommen regelmäßig auch zu uns nach Aubenhausen. Beide waren selbst hoch erfolgreiche Turnierreiter. Monica hat mit der Mannschaft drei Mal olympisches Gold gewonnen, 1988, 1992 und 1996!

Andreas Hausberger kommt mittlerweile seit fünfzehn Jahren zu uns. Er ist Oberbereiter der Spanischen Hofreitschule in Wien und ein echter Spezialist in Sachen Handarbeit, sprich: die Piaffe an der Hand. Er hat uns schon mit vielen Pferden geholfen und bringt immer neuen Input.

Seit vier Jahren kommt auch Morten Thomsen aus Dänemark sehr regelmäßig zu uns – er ist von allen wahrscheinlich der pingeligste Trainer, und genau das gefällt mir besonders. Auch weil er dabei immer positiv bleibt.

Wir holen uns bewusst Inspiration von außen, denn die Trainer haben einen anderen Blick auf uns, gerade weil sie uns nicht jeden Tag sehen.

Auch da ist es mir wichtig, auf mein Gefühl zu hören. Nicht stumpf nur den Anweisungen zu folgen, sondern dabei in mich und das Pferd hineinzufühlen. Mittlerweile sind wir ein so eingespieltes Team, dass wir unterschiedliche Herangehensweisen hervorragend analysieren und diskutieren können.

Diese Offenheit für Rat von außen durfte ich erst lernen. Gerade am Anfang, als ich noch unsicherer war, fiel es mir schwer, die richtige Balance zu finden zwischen Expertenwissen und meinem eigenen Gefühl, um die bestmöglichen Entscheidungen für meine Pferde und mich treffen zu können.

Renommée –
die Kraft der Entscheidungen

Renommée ist, wie so viele andere Pferde, ganz jung in unseren Besitz gekommen, im Alter von zwei Jahren. Er durfte erst noch mal in Norddeutschland auf die Weide, wurde dort auch angeritten und kam schließlich vierjährig ins schöne Bayern zu uns nach Aubenhausen. Ich habe ihn selbst ausgebildet; von der ersten A-Dressur bis zum Grand Prix.

Mit ihm habe ich weiter gelernt, Pferde auszubilden. Das ist manchmal ein schwieriger Weg, und vor allem ist es ein Weg, der viel Zeit braucht. Die Ausbildung bis zum Grand Prix dauert im Schnitt sechs bis acht Jahre.

Renommée gehört eindeutig zu den Pferden, bei denen ich mir wünsche, ich könnte mit der heutigen Erfahrung noch mal ganz von vorn anfangen. Denn ich glaube, heute würde es mir gelingen, ihn zu noch mehr zu motivieren. Aber das werde ich in meiner Entwicklung wahrscheinlich ein Leben lang über die verschiedensten Pferde sagen.

Trotzdem bin ich stolz auf das, was wir zusammen erreicht haben. Wir waren sehr erfolgreich in den Jungpferdeprüfungen, er ließ sich hervorragend ausbilden, und ich durfte mit ihm beim Bundeschampionat, der Deutschen Meisterschaft für junge Pferde, und beim Nürnberger-Burg-Pokal in Frankfurt starten. Bei Piaffe und Passage machte ihm so leicht keiner was vor. Das war technisch nahezu perfekt. Was ihm etwas fehlte, war der Elan: Er wollte sich nicht so gerne anstrengen.

Lange war mir nicht klar, woran das lag. Heute weiß ich: Es lag an mir. Ich hatte selbst wenig Elan und Selbstvertrauen – wie hätte ich das also meinem Pferd vermitteln sollen? Wie hätte ich in ihm den Wunsch wecken sollen, die eine zusätzliche Meile zu gehen und ein richtiger Athlet zu werden? Wahrscheinlich sah er den Sinn einfach nicht. Und den hätte ihm niemand anderer vermitteln können. Nur ich.

Von mir kam damals auch sicher viel zu wenig Anerkennung für das, was er leistete. Ich war immer gut und freundlich zu ihm, habe ihn nie schlecht behandelt. Aber ich finde, es ist ein Unterschied, ob ich nett zu einem Pferd bin oder ob ich es überschwänglich lobe für alles, was es leistet. Warum soll sich ein Pferd buchstäblich die Beine für mich ausreißen, wenn ich ihm keinen Grund dafür gebe? Pferde lieben Anerkennung ebenso sehr wie wir Menschen.

Die Zeit mit Renommée deckt sich mit einer sehr schwierigen Phase in meinem Leben. Ich war um die dreiundzwanzig, hatte die erfolgreiche Junge-Reiter-Zeit hinter mir und war geradewegs in eine Krise hineingerutscht. Der Übergang von der Junge-Reiter-Zeit, in der ich mit mehreren Europameistertiteln wirklich vom Erfolg verwöhnt wurde, zu den »Großen« war extrem schwer. Gleichzeitig spürte ich immer mehr, dass ich auf zu vielen Hochzeiten tanzte und dass ich für mich irgendwie klären musste, wie es mit mir weitergehen sollte. Ich hatte neben der Reiterei mit bis zu fünf Pferden ein Fernstudium in Marketing und Kommunikation absolviert, hatte eine Ausbildung als Ernährungstrainerin gemacht. Meine Vormittage verbrachte ich auf dem Reitplatz, in der Reithalle und im Stall. Am Nachmittag und bis in den späten Abend hinein leitete ich unser Sportstudio in Kolbermoor, den Quest Club. Das war nicht nur zu viel Arbeit, es machte mich auch unzufrieden. Ich fühlte mich innerlich zerrissen. Am Vormittag, wenn ich bei den Pferden war, dachte ich über das Sportstudio nach. Am Nachmittag, wenn ich

Heute weiß ich: Es lag an mir. Ich hatte selbst wenig Elan und Selbstvertrauen – wie hätte ich das also meinem Pferd vermitteln sollen?

in Kolbermoor arbeitete, schweiften meine Gedanken allzu oft in den Stall ab. Ich mochte die Arbeit in beiden Bereichen, aber so wurde ich beidem nicht gerecht, und das machte mich, ohne dass ich es selbst so richtig merkte, einfach unglücklich. Es fraß mich innerlich auf. Und auch mein Selbstvertrauen litt darunter.

Da ich nach den Erfolgen der Junge-Reiter-Zeit auf einmal so erfolglos war, wurde die Versuchung immer größer, die Profireiterei aufzugeben.

Schon einmal hatte ich eine schwierige Entscheidung für oder gegen den Reitsport treffen müssen, wenn auch auf einer ganz anderen Ebene. Denn damals war ich noch viel jünger, erst vierzehn Jahre alt. Bis dahin hatte, zumindest im Winter, das Skifahren ebenfalls eine sehr große Rolle gespielt. Von der dritten bis zur siebten Klasse kam es im Winter oft vor, dass meine Mutter uns von der Schule abholte, ein Mittagessen auf der Rückbank und die Skiausrüstung im Kofferraum. Und ab ging's in die Berge zum »Stangerltraining«, wie wir es nannten. Wenn wir am späten Nachmittag nach Hause kamen, gingen mein Bruder und ich noch jeweils unser Pony reiten, Hausaufgaben wurden »irgendwie« am Abend (oder manchmal durchaus auch unter der Schulbank) gemacht, ehe wir erschöpft, aber glücklich ins Bett gefallen sind.

Als ich vierzehn wurde, war klar, dass wir uns entscheiden mussten: Reiten oder Skifahren? Da es bei mir in der siebten Klasse (mit der zweiten Fremdsprache) auf dem Gymnasium auch allmählich ernst wurde, musste ein Bereich in den Hintergrund treten. Private Freundschaften spielten sich ohnehin sehr stark im Bereich des Sports ab, die Schule lief so nebenher.

Also trafen wir beide, mein Bruder Benjamin und ich, die Entscheidung, das Skifahren, zumindest als Wettkampfsport, aufzugeben. Sehr zum Bedauern unseres Großvaters übrigens, der es gern gesehen hätte, wenn wir auf den Brettern weitergemacht hätten. Noch bis zu seinem Tod hat er mir immer wieder erklärt, an mir sei eine herausragende Skifahrerin verloren gegangen.

Vorbilder

Damals war mir die Entscheidung relativ leichtgefallen. Diesmal stand viel mehr auf dem Spiel, nicht zuletzt mein Selbstwertgefühl. Die Misserfolge nagten an mir, die Zerrissenheit nagte an mir, und noch etwas kam dazu: Ich wollte mich viel zu sehr mit meinem großen Vorbild vergleichen. Ich versuchte, einer Frau nachzueifern, die für mich unerreichbar schien: Isabell Werth, die erfolgreichste Dressurreiterin aller Zeiten.

Angefangen hatte alles 2008, als ich während eines Turniers in Baden-Württemberg meinen ganzen Mut zusammennahm und sie fragte, ob sie mich trainieren würde. Eigentlich hatte ich nicht viel Hoffnung, dass Isabell Ja sagen würde, denn sie nahm zu dieser Zeit gar keine Schüler an, das wusste ich. Doch ich hatte einfach das Gefühl, ich müsste sie fragen. Also los. »Ich weiß überhaupt nicht, wie ich das jetzt sagen soll«, sagte ich mit klopfendem Herzen zu ihr, »aber kannst du dir vorstellen, mich in irgendeiner Form zu trainieren? Kann ich irgendwie mal zu dir kommen mit meinen Pferden und mit dir trainieren?«

> Die Misserfolge nagten an mir, die Zerrissenheit nagte an mir, und noch etwas kam dazu: Ich wollte mich viel zu sehr mit meinem großen Vorbild vergleichen.

Und das Unerwartete, Wunderbare geschah: Sie sagte ganz einfach Ja. »Ja, wir können mal schauen, ob wir das hinbekommen. Ich helfe euch.« Sie hat mir keine Sekunde lang das Gefühl gegeben, meine Frage wäre unverschämt oder vermessen, sondern sie hat ganz direkt und herzlich reagiert. Möglicherweise hatte sie meinen Bruder und mich schon ein wenig beobachtet und mitbekommen, dass wir als junge Reiter erfolgreich gewesen waren und jetzt den Sprung einfach nicht schafften. Zumal wir in dieser Zeit auch ohne Trainer waren.

Übrigens hat Isabell Aubenhausen immer auch dadurch unterstützt, dass sie an unseren Dressurfestivals teilgenommen hat. Das ist alles andere als selbstverständlich, und wir in der Familie rechnen ihr das hoch an. Denn wir konnten zwar ein relativ hohes Preisgeld ausschreiben, weil wir gute Sponsoren hatten, aber sie kam ohne zusätzlichen monetären Anreiz, einfach weil sie unser Festival für eine schöne reiterliche Veranstaltung hielt.

Zum Start unserer Zusammenarbeit bin ich mit vier Pferden für einen Monat zu ihr gefahren – und landete prompt in einer ganz anderen Welt, als ich sie bisher gekannt hatte. Ich war etwas überfordert von all den neuen Eindrücken und hatte auch das Gefühl, den neuen Input nicht gut und schnell umsetzen zu können, sosehr ich es auch versuchte.

Zurück in Aubenhausen, versuchte ich, an all dem zu arbeiten, was ich bei Isabell in Rheinberg mitbekommen hatte. Mein Bruder fuhr später auch regelmäßig zu ihr, meistens blieb einer von uns für etwa eine Woche dort. Zu Hause trainierten wir dann miteinander und halfen uns gegenseitig, die neuen Erkenntnisse zu verinnerlichen. Dass das die ersten tastenden Schritte auf einem neuen gemeinsamen Weg waren, konnten wir damals noch nicht ahnen. Wir spürten nur, es ist gut, wenn wir uns gemeinsam an die Dinge heranarbeiten, experimentieren und ausprobieren.

Nur hatten wir zu dieser Zeit keine richtig guten, reifen Pferde. Der Erfolg ließ also noch eine ganze Weile auf sich warten. Die Mischung war fatal: Ich blickte bewundernd zu Isabell Werth auf, versuchte sie nachzuahmen. Doch das bekam ich irgendwie nicht hin und blieb grandios erfolglos ...

Kein Wunder, dass mein Selbstvertrauen unter dieser Situation litt. Ich fühlte mich klein, unbedeutend, untalentiert und absolut chancenlos. Es kam mir vollkommen utopisch vor, jemals in ihre Liga aufzusteigen oder auch nur annähernd etwas Vergleichbares leisten zu können wie diese Frau.

Ich konnte nicht einmal als Begründung vorschieben, dass ich ja über lange Zeit hinweg nicht in der Lage gewesen war, mich voll und ganz aufs Reiten zu konzentrieren – Schule, Studium und Beruf forderten ja auch Zeit und Energie. Denn Isabell Werth hatte auch nicht die Möglichkeit, sich ausschließlich dem Reiten zu widmen. Sie hat Jura studiert und als Juristin gearbeitet …

So stand irgendwann der Gedanke im Raum: Ich schaffe das nicht. Ich werde nie erreichen, was Isabell kann, ich bin entweder zu dumm oder zu unbegabt.

Was für ein Glück, dass ich genau zu diesem Zeitpunkt Holger Fischer kennenlernte, der mich bis heute als Coach begleitet. Er half mir, indem er die richtigen Fragen stellte. Plötzlich konnte ich wieder klar sehen und denken. Es war, als würde ich bei starkem Regen endlich die Scheibenwischer anschalten. Ich konnte mein Herz wieder hören. Und mein Herz … mein Herz schlug ganz deutlich, kräftig und laut für die Pferde.

Damit war es auf einmal klar. Um meine Bauchentscheidung auch rational zu rechtfertigen, legte ich mir folgendes Statement zurecht: Ich bin jetzt (wir sprechen vom Jahr 2011) Mitte zwanzig, habe ein gutes Abitur, ein fertiges Studium und eine Zusatzausbildung, noch dazu Berufserfahrung. Wenn ich von jetzt an fünf Jahre lang mit den Pferden Vollgas gebe und es sich trotzdem herausstellt, dass der Erfolg ausbleibt, kann ich mit dreißig immer noch umsatteln und einen anderen Beruf wählen.

Damit klärte sich auch mein Verhältnis zu Isabell. Ich konnte sie nicht kopieren, und ich musste das auch gar nicht tun. Ich durfte mich von diesem viel zu hohen innerlichen Maßstab befreien, der mich auf die Dauer wohl kaputt gemacht hätte.

Ich konnte meinen eigenen Weg finden, auch den eigenen Weg der Pferdeausbildung, zusammen mit meinem Bruder. Im Gepäck hatte ich auf diesem Weg wunderbare technische Tools, die wir von Isabell für die Ausbildung an die Hand bekommen hatten. Dafür bin ich Isabell enorm dankbar.

Zu uns nach Aubenhausen zu kommen, war für Isabell nicht möglich, und wir hatten inzwischen die volle Verantwortung für unseren Betrieb mit all den Kunden und Mitarbeitern übernommen, sodass es auf Dauer nicht mehr machbar war, so viel von zu Hause weg zu sein. Und so trat Jonny Hilberath als Trainer in unser Leben.

Jonny stammt aus Schleswig-Holstein und sagt von sich, seine Wurzeln stecken ganz klar in der ländlichen Reiterei. Mit vielen internationalen Toperfolgen mischte er über lange Zeit ganz oben mit in der internationalen Dressurelite, gekrönt mit der Goldmedaille der Deutschen Meisterschaft der Berufsreiter 1992. Bis heute ist sein Hof in dem kleinen niedersächsischen Ort Abbendorf ein wichtiger Anlaufpunkt für ambitionierte Dressurreiter über die deutschen Grenzen hinaus und für junge, vielversprechende Pferde, die er mit Leidenschaft und unglaublich viel Geduld ausbildet. Mit ihm trainieren wir jetzt schon seit neun Jahren.

Es ist nicht übertrieben, wenn ich sage: Renommée hat mich gerettet. Mit den kleinen Erfolgen, die wir gemeinsam schafften, hat er dafür gesorgt, dass der kleine Funken Hoffnung, aus mir könnte doch noch eine richtig gute Reiterin werden, nicht ganz erlosch.

Doch letzten Endes ist bis heute mein wichtigster Trainer mein Bruder. Angefangen hat das in der Zeit des gemeinsamen Trainings mit Isabell Werth. Und das gilt auch umgekehrt. Ein Grund, warum das so funktioniert, ist unsere ehrliche Art, miteinander umzugehen. Wir versuchen zwar schon, nett zueinander zu sein, aber wir packen uns gegenseitig nicht in Watte, sondern sagen uns die Wahrheit, auch wenn sie manchmal unbequem ist. Das ist vielleicht unser größtes Kapital.

Immer weiter machen und eigene Wege suchen, das habe ich in dieser Zeit mit Renommée gelernt, auf die ganz harte Tour. Ich bin sehr froh, dass ich ihn an meiner Seite hatte. Denn die kleinen Erfolge, die ich mit ihm erleben durfte, haben mich dann doch aufrecht gehalten.

Es ist nicht übertrieben, wenn ich sage: Renommée hat mich gerettet. Mit den kleinen Erfolgen, die wir gemeinsam schafften, hat er dafür gesorgt, dass der kleine Funken Hoffnung, aus mir könnte doch noch eine richtig gute Reiterin werden, nicht ganz erlosch.

Abschied und Neubeginn

Trotzdem haben wir uns, als Renommée neun Jahre alt war, sehr, sehr schweren Herzens dafür entschieden, ihn zu verkaufen. Inzwischen hatte ich mich entschlossen, mich dem Reitsport noch einmal mit ganzem Herzen zu widmen. Mein Ziel war es, an die großen Erfolge der Zeit als Juniorin auch bei den Senioren anzuknüpfen.

Und ich musste mir eingestehen, dass sich Renommée zwar zu einem guten Grand-Prix-Pferd entwickelt hatte, ihm aber das letzte Stückchen »Einstellung« fehlte. Oder vielleicht sollte ich es anders sagen: Ich habe es nicht geschafft, ihm diese Einstellung zu vermitteln, ihn zu motivieren, sich für mich noch einmal mehr anzustrengen und wirklich alles zu geben. Heute ahne ich, woran das lag. Wäre ich damals voller Selbstvertrauen und Euphorie gewesen, hätte ich mehr an mich – oder auch an uns – geglaubt, hätte mich nicht so klein und verzagt gefühlt: Wer weiß, was aus uns hätte werden können. So wie die Dinge aber zu dieser Zeit nun mal standen, hätten wir weiterhin schöne Erfolge haben können, doch für die Weltspitze reichte es einfach nicht. Das letzte Quäntchen Motivation fehlte bei Renommée. Ich hatte immer das Gefühl, es sei ihm eigentlich zu anstrengend, volle Leistung zu bringen.

Der Impuls kam dann letztlich von außen. Bei einem Lehrgang für das Piaff-Förderpreis-Finale saßen wir – mein Bruder, meine Eltern und ich – mit Klaus Balkenhol zusammen, der diesen inspirierenden Lehrgang leitete und es wirklich gut mit uns meinte. Als wir ihn fragten, wie es denn nun mit uns weitergehen sollte, sagte er uns mit aller Freundlichkeit, aber auch mit aller Härte: »Ihr müsst eure derzeitigen Pferde verkaufen. Mit denen schafft ihr es nicht an die Spitze.«

Das saß. Und es hat sehr geschmerzt. Auch wenn Klaus uns nur helfen wollte. Doch da sich Renommée als Neunjähriger mit dieser guten Ausbildung auf dem Höhepunkt seines wirtschaftlichen Werts befand, habe ich mich durchgerungen, ihn zu verkaufen. Mein Bruder Benjamin verkaufte auch zwei seiner Pferde.

Wir fanden für Renommée ein wirklich schönes neues Zuhause bei einer Reiterin in England. Trotzdem hatte ich an dem Tag, als er unseren Hof verließ, das Gefühl, es macht mich kaputt. Ich erinnere mich noch, als wäre es gestern gewesen: Der große Lkw kam, ich habe ihn hineingeführt, und als er dann abgefahren war, bin ich regelrecht zusammengebrochen. Nie in meinem Leben, weder vorher noch nachher, habe ich so viel geweint wie an diesem Tag. Es war die schlimmste Pferdetrennung und vielleicht – abgesehen von der Trauer um Verstorbene in meiner Familie – überhaupt die schlimmste Trennung, die ich jemals erlebt habe.

Umso glücklicher war und bin ich, dass es ihm so gut geht und dass ich mithilfe von Fotos und Videos ein bisschen an seinem Leben teilhaben darf. Er lebt in England bei einer Reiterin, die keine Grand-Prix-Ambitionen hat, sondern einfach schöne S-Dressur reiten will. Und er hat dort den Himmel auf Erden. Er darf täglich in einer kleinen Herde auf die Weide und ist bis heute – im Alter von fast zwanzig Jahren – topfit und auch noch richtig erfolgreich.

Das alles ist mir eine große Freude, auch wenn mir ab und zu die Frage im Kopf herumspukt, was ich wohl heute, mit der Methode, die ich jetzt in der Ausbildung von Pferden anwende, mit ihm erreichen könnte. Hätte ich ihn mit dem Ausmaß an positiver Verstärkung und Anerkennung, das ich meinen Pferden heute gebe, zu noch mehr Engagement und Leistungsbereitschaft motivieren können? Hätte ich seinen Stolz wecken können?

Denn das sehe ich heute ganz klar: Ich habe es nicht geschafft, ihn stolz zu machen. Nur wer selbst begeistert ist, kann in anderen Begeisterung wecken. Dabei hat er mir gezeigt, wie wichtig Leichtigkeit ist, denn er lernte alles scheinbar mühelos, und es sah bei ihm auch immer leicht aus. Er hatte Freude daran, mit mir zu arbeiten – solange es nicht zu anstrengend wurde. Dass es etwas Wunderbares sein kann, sich auf einem Turnier zu präsentieren und dort die absolute Bestleistung zu zeigen, womöglich sogar ein bisschen über sich hinauszuwachsen, das habe ich ihm damals nicht vermitteln können.

Ich sehe aber auch den Grund, warum ich das zu diesem Zeitpunkt gar nicht schaffen konnte: Ich war ja selbst nicht stolz. Mein Selbstwertgefühl war schwach, ich habe nicht an mich geglaubt – wie hätte ich da meinem Pferd dieses Selbstwertgefühl und diesen Stolz vermitteln sollen? Wenn ich mich selbst nicht liebe, fällt es mir schwer, Liebe zu geben.

Renommée hat in meinem Leben nicht die Aufgabe gehabt, ein tolles, stolzes, erfolgreiches Turnierpferd auf Grand-Prix-Niveau zu sein. Er hatte eine andere, womöglich viel größere Aufgabe: Er hat mir geholfen, die fünfjährige Durststrecke nach der erfolgsverwöhnten Junge-Reiter-Zeit zu überstehen und nicht zu kapitulieren. Das ist ihm großartig gelungen, indem er es mir so leicht gemacht hat, ihn auszubilden und

mit ihm zu lernen. Dafür bin ich ihm
bis heute von Herzen dankbar.

Und ich bin froh, dass er gerade in
dem Moment, als diese Aufgabe erfüllt war, einen so schönen neuen
Platz und eine neue Erfüllung gefunden hat.

Gleichzeitig habe ich mit ihm eine besonders schwierige
Lektion gelernt, die mich aber letztlich genau dorthin geführt
hat, wo ich heute stehe: Manchmal musst du harte Entscheidungen treffen, um deinen Weg weitergehen zu können. Dann tu
das mit aller Konsequenz. Zieh es durch. Und wenn sich der
Erfolg einer solchen Entscheidung nicht sofort einstellt, halte
die Durststrecke aus.

Ein paar Wochen nachdem Renommée unseren Hof verlassen hatte, kam Unee. Und damit wurde alles, aber auch wirklich
alles anders.

> Wenn ich mich
> selbst nicht liebe,
> fällt es mir schwer,
> Liebe zu geben.

Ein neues Leben

10. Oktober 2010. Ich komme in einem Krankenwagen langsam zu Bewusstsein und bin vollkommen verwirrt. Wo bin ich? Was ist passiert? Zwei Krankenschwestern streiten sich. Ich nehme nur ihren gereizten Ton wahr, was sie fragen, verstehe ich nicht. Sie sprechen italienisch miteinander.

Eine große Sauerstoffmaske bedeckt mein Gesicht. Ich liege auf dem Rücken, fühle mich wie gelähmt vor Schwäche. Nicht mal meinen Arm kann ich heben, ich habe nicht die Kraft dazu. Dann kommen die Schmerzen.

Später erfahre ich, dass meine Lunge fast zur Hälfte mit Wasser gefüllt war. Kein Wunder, dass ich so schwach war. Das viele Wasser in der Lunge hat mich auch im Kampf ums Überleben bewusstlos gemacht.

Im Kampf ums Überleben ... allmählich kommt die Erinnerung zurück. Ich bin mit meinem heutigen Mann Max auf Sardinien im Urlaub. Wir sind nach einem Unwetter, als die Sonne wieder herauskam, schwimmen gegangen, gar nicht weit vom Ufer weg, und in eine tückische Strömung geraten. Eine gefühlte Ewigkeit – tatsächlich waren es wohl etwa dreißig Minuten – kamen wir nicht mehr vom Fleck, sosehr wir auch kämpften. Für mich war es nicht nur ein Kampf gegen die Strömung und die Wellen, sondern ein Kampf gegen den Tod. Ich hatte viel um Hilfe geschrien, was mich sehr viel Kraft gekostet hatte. Und ich hatte sehr viel Wasser geschluckt. Irgendwann war ich wie gelähmt, gab auf und wurde bewusstlos. Ich hatte losgelassen, ich war mir sicher, ich würde sterben. Mein Körper hörte auf zu funktionieren, anders kann ich das, was da passierte, nicht beschreiben. Max kämpfte genauso wie ich, und obwohl er wesentlich größer und stärker ist als ich, kam er gegen die Strömung ebenfalls nicht an. Warum er in dieser Situation auf einmal an seinen Professor für technische Mechanik und die

Vektorrechnung gedacht hat, weiß er bis heute nicht. Aber genau das tat er, und damit fand er tatsächlich einen Ausweg aus der Strömung. Er packte mich an der Hand, sagte zu mir: »Wir müssen seitwärts schwimmen«, und zog mich mit sich. Ich war schon fast komplett weggetreten, aber ihm gelang es tatsächlich, Boden unter die Füße zu bekommen, sodass er mich aus der Strömung befreien konnte.

Er hat mir damit das Leben gerettet.

Ich war damals vierundzwanzig Jahre alt und seit fast zwei Jahren mit Max zusammen. Mein Studium der Betriebswirtschaft (Marketing) hatte ich gerade beendet, neben dem Reiten leitete ich unser Sportstudio. Von außen betrachtet sah mein Leben ziemlich perfekt aus. In Wirklichkeit jedoch war ich nicht glücklich, zumindest nicht mit mir selbst. Ich war sehr unsicher, wollte immer allen gefallen, es allen recht machen. Mein Ego strebte nach Anerkennung, die ich mir selbst nicht geben konnte. Und mein reiterliches Selbstwertgefühl war sehr klein.

Irgendwann hielt der Notarztwagen vor einem Krankenhaus. Ich wurde hineingefahren, geröntgt, ein EKG wurde gemacht. Die Krankenschwestern waren sehr freundlich und liebevoll, aber gegen meine unglaublichen Schmerzen unternahmen sie nichts. Sie wussten ja nichts davon, ich war immer noch viel zu schwach, um mich bemerkbar zu machen. Wie sich später herausstellen sollte, hatte ich noch drei Tage lang innere Blutungen. Meine Blutwerte glichen denen nach einem schweren Herzinfarkt.

Ohne dass ich von all dem etwas wusste, wurde im Hintergrund fieberhaft gearbeitet. Meine Eltern setzten alle Hebel in Bewegung, um mich mit einem Rettungsflugzeug nach Deutschland zu holen. Die gesamte nächste Woche verbrachte ich im Klinikum Rosenheim auf der Intensivstation.

Doch nicht nur Ärzte und Pflegekräfte arbeiteten daran, mich ins Leben zurückzuholen. Heute, rückblickend, kann ich nur über meinen eigenen Körper staunen. Er arbeitete wie ein Wunderwerk an seiner eigenen Heilung. Am dritten Tag in Rosenheim war der Hämoglobinwert immer noch nicht stabil – ein Organ blutete wohl noch. Ein Operationstermin wurde angesetzt, doch etwa zwei Stunden vor dieser »Bauchöffnung« war der Wert wieder stabil. Ich musste nicht operiert werden.

Von diesem Tag an dauerte es noch eine ganze Weile, bis ich ganz wiederhergestellt war. Aber ich wurde gesund.

Diese Nahtoderfahrung hat mich verändert. Heute bin ich davon überzeugt, dass es eine Veränderung zum Positiven war. Denn es war der Beginn meiner Reise zu mir selbst.

Noch im Krankenhaus fing ich an, Bücher über den Weg der Selbstfindung und Spiritualität zu lesen. Wenige Monate später lernte ich über einen guten Bekannten den Coach Holger Fischer kennen. Er hat mich auf meinem Weg intensiv begleitet und hilft mir bis heute regelmäßig, mich zu reflektieren und weiterzuentwickeln. Er hat mir geholfen, viele alte Themen und blockierende Glaubenssätze aufzulösen, mich selbst mehr zu öffnen und zu meinen Ängsten zu stehen. Vor allem aber hat er mir geholfen, mich selbst wieder mehr zu lieben.

Diese Nahtoderfahrung hat mich verändert. Heute bin ich davon überzeugt, dass es eine Veränderung zum Positiven war. Denn es war der Beginn meiner Reise zu mir selbst.

Meine erste Frage an mich selbst war damals: Warum ist das passiert? Ich war immer eine Grenzgängerin gewesen, hatte auf dem Vulkan getanzt, gearbeitet bis zur totalen Erschöpfung. Wenn mein Körper nicht mehr konnte, wurde er krank und holte sich so die Pause, die er unbedingt brauchte. Einfach, weil ich sie ihm sonst nicht gegönnt hätte.

Meine zweite Frage an mich selbst lautete: Wer bin ich eigentlich, und warum bin ich hier? Bis heute bin ich fasziniert davon, wie wir jeden Tag neu wählen können, wer und wie wir sein wollen. Und wie wir mit unserer Vergangenheit umgehen möchten. Denn eines habe ich gelernt: »Du siehst die Welt nicht, wie sie ist. Du siehst die Welt, wie du bist.«

Deshalb frage ich mich das immer wieder: Wer bin ich eigentlich, und warum bin ich hier?

Bis heute bin ich fasziniert davon, wie wir jeden Tag neu wählen können, wer und wie wir sein wollen. Und wie wir mit unserer Vergangenheit umgehen möchten. Denn eines habe ich gelernt: »Du siehst die Welt nicht, wie sie ist. Du siehst die Welt, wie du bist.«

Jeder von uns trägt einen Rucksack an Erfahrungen mit sich herum. Jeder von uns hat in der Vergangenheit Erlebnisse gehabt, die er lieber nicht gehabt hätte. Beinahe hätte ich geschrieben: Jeder von uns hat Erlebnisse gehabt, auf die er gut hätte verzichten können. Aber so ist es eben nicht! Wir können nicht darauf verzichten, wir brauchen diese Erfahrungen, um daran zu wachsen.

Die entscheidende Frage für mich ist: Wie gehe ich heute mit den Erfahrungen meiner Vergangenheit um? Ich kann selbst über meinen Umgang mit der Vergangenheit entscheiden. Ich kann mich jeden Tag neu dafür entscheiden, glücklich zu sein und immer mehr zu dem Menschen werden, der ich bin – und sein möchte.

Dies und einiges mehr ist mir in den letzten Jahren immer stärker bewusst geworden. Ich werde häufig gefragt, warum ich immer so glücklich wirke und lache. Das ist mir viel zu eindimensional. Ich bin nicht immer nur glücklich, und es gibt viele Momente, in denen ich eindeutig nicht lache. Aber es stimmt, ich bin ein sehr dankbarer und positiver Mensch. Und eines habe ich wirklich gelernt: Glücklichsein ist eine Lebenseinstellung.

Und so verrückt das klingt: Diese Entwicklung hat begonnen,

als mein Leben buchstäblich auf Messers Schneide stand. Die kurze Begegnung mit dem Tod hat mich sehr geprägt.

Von dort aus ist es ganz logisch und natürlich weitergegangen. Ich habe begriffen: Wenn ich positiv bin und gut mit den Menschen und Tieren in meiner Umgebung umgehe, ziehe ich noch mehr Positives in mein Leben. So wie ich aussende, so empfange ich.

Ich würde heute wohl ein völlig anderes Leben führen, wenn ich eine pessimistische Grundeinstellung hätte. Mein Optimismus, die Liebe, mit der ich Dinge anpacke, der Glaube an meine Pferde und die Menschen um mich herum – all das kann zusammengenommen Großes bewirken. Ich bin mir auch sicher, dass wir in Aubenhausen Mitarbeiter »anziehen«, die auf einer ähnlichen Frequenz schwingen wie wir. Sie alle teilen mit meiner Familie und mir die tiefe Liebe und Freude, mit Tieren zusammen zu sein.

Sir Max –
Liebe kennt keine Bedingung

Sir Max ist noch gar nicht so lange bei mir. Er wird in diesem Jahr neun Jahre alt und kam erst Ende seines siebten Lebensjahres nach Aubenhausen. Zu dieser Zeit hatte er schon tolle Erfolge mit seiner bisherigen Reiterin gehabt, aber seine Vorgeschichte war nicht so erfreulich. Als junges Pferd hatte er als »verrückt« gegolten und immer wieder Prüfungen komplett geschmissen.

Ich begegnete ihm zum ersten Mal, als er sieben Jahre alt war. Das war beim Turnier in Donaueschingen, einem besonders schönen Sommerturnier. Dieses Turnier ist ein echter Höhepunkt des Reiterjahres, und Sir Max nahm mit seiner damaligen Reiterin an der Qualifikation zum Nürnberger Burgpokal teil. Es war Liebe auf den ersten Blick. Ich konnte gar nicht aufhören, ihn anzuschauen, einfach weil er sich so wunderbar bewegte. Max ist ein Rappe, sein Fell glänzte an diesem Sommertag im strahlenden Sonnenlicht, und er lief so elegant und geschmeidig wie ein schwarzer Panther. Ein Traum von einem Pferd.

Der beste Reiter ist nichts ohne ein gutes Pferd. (Übrigens ist es auch umgekehrt: Das beste Pferd nützt dir nichts, wenn du es nicht reiten kannst. Du kannst dir Sieger kaufen, aber keine Siege.)

Am nächsten Tag fragte ich seine Reiterin, was sie mit ihm plant. Sie hat sofort gemerkt, wie gut er mir gefällt, und erzählte mir, der Besitzer, Tim Koch, plane ihn zu verkaufen. Gut, dass ich gefragt hatte. Ich wurde ganz hibbelig bei dem Gedanken, dass dieses wunderbare Pferd vielleicht zu mir nach Aubenhausen kommen könnte.

Es dauerte nicht lange, dann waren der Besitzer und ich uns

einig. Wenige Wochen später bezog Sir Max sein neues Zuhause in Aubenhausen. Er gehört uns seither gemeinsam.

Sir Max hat sich bei uns gut entwickelt, und wir sind ganz schnell Freunde geworden. Er ist vom Alter und seiner ganzen Entwicklung her das perfekte Nachwuchspferd, in das ich sehr große Hoffnungen setze. Ich baue ihn jetzt auf, um eines Tages, wenn die Turnierzeit mit Zaire und Dalera endet, wieder mit einem großartigen Pferd am Start sein zu dürfen.

Der beste Reiter ist nichts ohne ein gutes Pferd. (Übrigens ist es auch umgekehrt: Das beste Pferd nützt dir nichts, wenn du es nicht reiten kannst. Du kannst dir Sieger kaufen, aber keine Siege.)

> Der beste Reiter ist nichts ohne ein gutes Pferd. (Übrigens ist es auch umgekehrt: Das beste Pferd nützt dir nichts, wenn du es nicht reiten kannst. Du kannst dir Sieger kaufen, aber keine Siege.).

Aber dann passierte im November 2019 etwas, das seine Entwicklung jäh stoppte. Max erschrak auf dem Weg zur Koppel so sehr, dass er panisch zurück in den Stall rannte und auf dem Weg dorthin stürzte. Bei diesem schweren Unfall verletzte er sich am Karpalgelenk, sodass das Gelenk operativ gespült werden musste. Er blieb noch eine ganze Weile in der Pferdeklinik, unter der Obhut unseres vertrauten Tierarztes Dr. Rüdiger Brems mit seinem Team, und wir mussten einige Wochen, sogar Monate, um seine Gesundheit bangen. Nicht nur um seine Gesundheit, auch um seine Zukunft! Denn es war alles andere als sicher, ob er je wieder so tanzen würde, wie er es schon gezeigt hatte. Heute, nach elf Kliniktagen und einer mehrmonatigen Genesungsphase bei uns zu Hause, geht es Sir Max zum Glück wieder viel besser, und wir kommen mit seinem Aufbau sehr gut voran.

Dieses schwere Erlebnis hat unsere Beziehung intensiviert. Nicht nur zu mir, sondern auch zu Anna und Vanessa, den beiden Pferdepflegerinnen, die sich gemeinsam mit mir täglich um ihn kümmern. Das finde ich sehr wichtig, denn ich glaube inzwischen, Max kam mit der Einstellung zu mir, er müsse immer Leistung bringen, um geliebt zu werden.

Natürlich spornen wir unsere Pferde an, das Bestmögliche aus sich herauszuholen. Aber wir versuchen ihnen auch immer wieder zu zeigen, dass sie geliebt werden, so wie sie sind. Wir halten nichts für selbstverständlich, und wir schenken ihnen Anerkennung für das, was sie sind, nicht nur für das, was sie tun und leisten.

Der Extremfall, bei dem wir ihm das beweisen durften, war die Verletzung. Denn jetzt konnte Sir Max gar nichts mehr leisten. Trotzdem waren wir mit all unserer Liebe und Fürsorge ständig für ihn da. Wir haben ihn jeden Tag in der Pferdeklinik besucht, ich selbst an neun von elf Kliniktagen, seine Pflegerinnen Anna und Vanessa genauso, unsere Physiotherapeutin Pauline Nachbauer war bei ihm, und auch meine Mutter hat ihn besucht, wann immer sie konnte. Er musste nie das Gefühl haben, wir würden ihn allein lassen oder aufgeben, nur weil es fraglich war, ob er jemals wieder im Sport gehen konnte.

Meine Freundschaft mit Max ist dadurch noch reicher geworden. Wir alle bemühen uns mit vereinten Kräften darum, ihn wieder gesund zu bekommen. Er wird vier bis fünf Mal am Tag bewegt, bekommt seine physiotherapeutischen und osteopathischen Anwendungen, darf grasen gehen, geht aufs Paddock, sogar schon wieder auf seine Graskoppel.

Gerade fange ich an, ihn wieder mehr zu reiten. Hauptsächlich im Schritt und Trab, und langsam tasten wir uns an den Galopp heran. Ich glaube, er wird wieder ganz gesund und voll leistungsfähig. Was mich aber ganz besonders freut: Bereits jetzt

> Natürlich spornen wir unsere Pferde an, das Bestmögliche aus sich herauszuholen. Aber wir versuchen ihnen auch immer wieder zu zeigen, dass sie geliebt werden, so wie sie sind.

bin ich sicher, dass die Zeit der Rekonvaleszenz für seine Seele unheimlich wichtig war und ist. Er hat neu gelernt, den Menschen zu vertrauen und Bindungen einzugehen. Er ist ein richtiger Schmuser geworden und hat, wie ich finde, noch mehr an Ausstrahlung gewonnen. Unsere Beziehung ist dadurch auf eine neue Ebene gehoben worden. Und ich freue mich riesig darauf, irgendwann mit ihm auf den Bühnen der Reiterwelt zu tanzen.

Dante's Peak –
Glaube, Liebe und
Hoffnung vollbringen (kleine) Wunder

Wenn wir schon von bedingungsloser Liebe sprechen, will ich an dieser Stelle auch von Dante's Peak erzählen. Wir haben ihn als Vierjährigen auf der Auktion in Verden an der Aller ersteigert. Er war das teuerste Pferd, das wir bisher gekauft haben. Das alles, obwohl die Röntgenbilder seiner Beine eigentlich zur Vorsicht mahnten. Aber wir waren so begeistert von ihm, dass wir gern mutig sein wollten.

Dante's Peak ist ein sehr großes Pferd, und schon aus diesem Grund hatten wir geplant, dass Benjamin ihn ausbilden und reiten würde. Doch nach einer Weile stellten wir fest, dass er beim Traben nie so ganz rundlief.

Wir haben alles Mögliche mit unserem Tierarzt probiert, haben einen speziellen Hufschmied engagiert, Rob Renerie (der seither regelmäßig bei uns ist), ihn mit Physiotherapie und Osteopathie behandeln lassen – mein Bruder war schon ganz verzweifelt. Jeden Morgen beim Aufsteigen war da diese Angst, er könnte wieder lahmen. Und das, wo wir doch so viel Hoffnung in dieses wunderbare Pferd gesetzt hatten!

Benjamin war mit den Nerven am Ende, was sich natürlich auch auf Dante übertrug. Der war mittlerweile schon zehn Jahre alt, das Drama lief seit vier Jahren. Irgendwann sagte mein Bruder zu mir: »Ehrlich, ich kann nicht mehr.«

Das war traurig, denn für Benjamin war Dante damals die größte Hoffnung gewesen. Er hatte sich von ganzem Herzen gewünscht, in Dante den richtigen Sportpartner zu haben, um den reiterlichen Anschluss bei den Senioren zu schaffen. Für mich war es leichter, etwas lockerer an die Sache ranzugehen, denn ich hatte damals schon Unee, und es lief bereits sehr gut bei uns.

Ich hatte keinen Druck, ich musste Dante nicht »hinbekommen«, um ein Pferd der Spitzenklasse zu haben – ich hatte ja schon eins.

Aber eine Herausforderung war es schon. Und für mich kam diese Herausforderung genau zum richtigen Zeitpunkt. Ich hatte Luft, und ich hatte auch Lust, mich auf das Projekt Dante voll und ganz einzulassen. Meine Idee war: Mit völlig neuer Energie noch mal frisch an die Sache heranzugehen und alles, wirklich alles zu versuchen, anders zu machen. Nicht nur anders als bisher, nicht nur anders als mein Bruder – vor allem wollte ich alles anders machen, als Dante es erwartete. Und ich war gespannt, wie er auf so viele Überraschungen reagieren würde. Ich hatte es deutlich leichter als Benjamin, denn was hatte ich schon zu verlieren? Hop oder top.

Vor allem wollte ich alles anders machen, als Dante es erwartete. Und ich war gespannt, wie er auf so viele Überraschungen reagieren würde.

Es ging damit los, dass ich Dante von Juli bis Dezember komplett ohne Sattel ritt, nur mit einem Polster. Mein Hintergedanke war, vielleicht drückt oder zwickt der Sattel und verursacht das Lahmen. Also weg mit dem Sattel, her mit dem Pad. Ich reite ohnehin recht gern ohne Sattel, das kam uns also beiden entgegen.

Inzwischen war ich mir fast sicher, dass er sich da vor allem eine blöde Angewohnheit zugelegt hatte. Einen unrunden Bewegungsablauf, vielleicht eine Art Schutzhaltung, die irgendwann mal richtig gewesen war, um akute Schmerzen zu vermeiden, sich jetzt aber eingeschlichen hatte, obwohl er sie offensichtlich gar nicht mehr brauchte. Das gibt es ja auch bei Menschen, die ein Gelenkproblem haben und auch dann noch unrund laufen, wenn das Grundproblem eigentlich behoben ist. Sie brauchen, beispielsweise nach einer Hüft-OP, oft lange, um sich an den neuen Zustand zu gewöhnen und wieder normal zu gehen.

Auf die Idee war ich gekommen, als mir auffiel, dass Dante super lief, wenn ich zum Beispiel im Wald mit ihm unterwegs war und trabte. Da gab es jede Menge Ablenkung, da passierten spannende Dinge, da ging es über Stock und Stein, und es gab Vögel und Eichhörnchen und Blätterrauschen im Wind ... Es war, als würde er dort vergessen, dass er ja eigentlich lahmte. Auf den Feld- und Waldwegen trabte er wunderbar rund.

Und ein ganz kleines bisschen hatte ich auch den Verdacht, dass er genau dann lahmte, wenn er keine Lust zum Trainieren hatte – denn sobald sich das Lahmen einstellte, brachen wir ja das Reiten ab. Wir wollten ja vermeiden, dass er durch die Belastung Schmerzen hatte.

All diese Beobachtungen bestärkten mich in meiner Vermutung, dass er sich den schlechten Bewegungsablauf irgendwann angewöhnt hatte, aus welchen Gründen auch immer. Und was er sich angewöhnt hatte, das konnte er sich auch wieder abgewöhnen, auch wenn das mühsam sein würde und Zeit brauchte.

Ich tat also, was ich schon bei Unee getan hatte, um ihn zu motivieren: Ich machte ihm jeden einzelnen Tag so spannend und abwechslungsreich, wie ich nur konnte. Mit Training an wechselnden Orten, mit Spaziergängen, Aquatraining, Stangenarbeit und so weiter. Dazu bekam er ein gründliches Aufbautraining, Osteopathie und Akupunktur, Physiotherapie. Und ich schaffte es tatsächlich, dass er nach einem sechsmonatigen Aufbautraining über zwei Jahre lang im Sport Vollgas geben konnte. Wir konnten international die Kleine Tour von Neumünster, Hagen und München mit hohen Prozentpunkten gewinnen und haben auch den Sprung aufs Grand-Prix-Niveau geschafft und Intermediare II mit über 74 Prozent gewonnen. Das waren wunderschöne Erfolge, die mich sehr hoffnungsfroh stimmten und Dante ausgesprochen guttaten.

Als ich dann 2017 schwanger wurde und ihn nicht mehr so viel reiten konnte, hatte er leider einen Rückfall. Es war, als hätte er mit mir seinen emotionalen Anker verloren, als hätte ich ihn in der Zeit davor mit meiner ganz speziellen Mischung aus Glaube, Liebe und Hoffnung festgehalten. Und diese Mischung fiel zumindest in den letzten drei Monaten meiner Schwangerschaft weg, obwohl sich die Mädchen, die ihn an meiner Stelle ritten, wirklich rührend um ihn kümmerten. Er hatte es wohl hauptsächlich für mich getan. Das berührte mich im Nachhinein sehr und machte mich zugleich traurig. Denn ich konnte ihm einfach nicht mehr geben, was er brauchte, weder während meiner Schwangerschaft noch danach.

Dante hat mich bedingungslos geliebt und alles, was ihm möglich war, gegeben. Als mir das klar wurde, war ich auch bereit, ihn loszulassen und nichts mehr von ihm zu fordern.

Tatsächlich habe ich es nach Moritz' Geburt wieder versucht, aber ich kam nicht mehr so an ihn ran wie früher. Aus den bisherigen Erfahrungen wusste ich, es ist möglich, ihm zu helfen, aber dazu braucht er einen Menschen, der sich fast ausschließlich um ihn kümmert.

Nach ein paar Monaten kam Sophia zu uns, und es fühlte sich an, als wäre sie uns nicht nur geschickt worden, um uns im Office zu unterstützen, sondern auch, um sich ganz speziell um Dante zu kümmern. Recht bald spürte ich, unterstützt durch meine Mutter, dass sie die Richtige für ihn war. Und sie hat sich so unglaublich um ihn gekümmert und regelrecht sein Herz erobert, dass er für sie nach einigen Monaten Pflege, Osteopathie und dem wohl nun für ihn perfekten Hufbeschlag wieder absolut fit und taktrein läuft. Wie das gelang? Sie hat an ihn geglaubt, ihm viel Liebe gegeben und Zuversicht und Zeit investiert.

Dante hat mich bedingungslos geliebt und alles, was ihm möglich war, gegeben. Als mir das klar wurde, war ich auch bereit, ihn loszulassen und nichts mehr von ihm zu fordern.

Ich bin dem großen, schönen Dante unglaublich dankbar für die Zeit, die wir miteinander verbrachten. Wir haben für kurze

Zeit gemeinsam ein kleines Wunder vollbracht. Wir haben jede Menge Turniere bis zur S**-Stufe miteinander gewonnen und unseren Spaß dabei gehabt. Und auch wenn er nicht die ganz große Karriere gemacht hat, mir (und jetzt Sophia) hat er unendlich viele glückliche Momente geschenkt.

Von ihm habe ich noch ein bisschen mehr gelernt, meiner Intuition und meinem Bauchgefühl zu vertrauen und der Freude in meinem Leben noch mehr Raum zu geben.

Mit seinen Gangproblemen war Dante unverkäuflich, das war klar. So bin ich sehr froh, dass Sophia ihn wieder in die Spur gebracht hat. Die beiden nehmen einmal die Woche Unterricht bei mir, und wir sind dabei alle sehr zufrieden, seine Entwicklung zu beobachten. Er ist jetzt fünfzehn Jahre alt, vielleicht hat er Lust, noch ein paar L- oder M-Turniere zu gehen. Das Zeug dazu hätte er natürlich, aber wie man so schön sagt: Alles kann, nichts muss.

Leistungssportlerin und Mutter – den eigenen Weg gehen

Dass ich 2017 Mutter werden durfte und dass ich mein Leben heute mit unserem Sohn Moritz teilen kann, empfinde ich als ein großes Geschenk. Meine Schwangerschaft, die Geburt von Moritz und das Leben mit ihm – all das ist eine unbeschreibliche Erfahrung, für die ich sehr dankbar bin. Heute ist mir klar, dass die Mütterlichkeit als Grundzug immer schon in mir vorhanden war.

Ich habe schon mein Pony Little Girl bemuttert, und alle unsere Pferde sind für mich letztlich wie Kinder. Meine begabten, liebebedürftigen Kinder, für die ich verantwortlich bin und an denen ich mit jeder Faser meines Herzens hänge. Mir ist es wichtig, jeden Tag zu wissen, dass es ihnen gut geht. Und ich möchte jeden Tag mit dem Gefühl schlafen gehen, dass wir – mein Team und ich – alles dafür getan haben, dass sie ein schönes Leben haben. Auch das heißt für mich »Mutter sein«.

Der Wunsch, Mutter zu sein, war bei mir immer schon da. Selbst bei meiner Nahtoderfahrung im Jahr 2010 war einer meiner letzten Gedanken, bevor ich bewusstlos wurde: »Ich wollte doch noch Mama werden.« Damals fühlte es sich so an, als sollte mir das nicht mehr vergönnt sein.

Zum Glück kam es anders. Im Jahr 2017 ist unser Sohn Moritz auf die Welt gekommen. Das hat in meinem Leben sehr viel verändert, nicht nur in meinem Alltag, sondern vor allem in mir. Immer wieder erinnert mich Moritz daran, dass wir als Baby vollkommen rein auf die Welt kommen. Wir strahlen, tanzen, singen, spielen, lachen und freuen uns einfach, da zu sein. Kleine Kinder begegnen jedem Menschen mit Liebe, ohne Vorurteile zu haben. Sie lachen, wenn sie glücklich sind, und weinen, wenn sie traurig sind. Sie können auch ganz schnell und scheinbar übergangslos von der Trauer in die Freude und zurück wechseln. Sie leben einfach im Hier und Jetzt. Für sie gibt es kein Gestern und kein Morgen, für sie zählt der Moment. Ich freue mich jedes Mal, wenn Moritz mich daran erinnert; er ist mir da ein echter Lehrmeister.

Je älter wir werden, desto mehr fangen wir an, uns anzupassen, nicht auffallen zu wollen und es allen recht machen zu wollen. Mit jeder Verletzung und Zurückweisung verlieren wir an Selbstwertgefühl und haben zunehmend Angst davor, nicht gut genug zu sein – oder noch schlimmer: nicht geliebt zu werden.

Der Spagat, als Sportlerin volle Leistung zu bringen und gleichzeitig für meinen Sohn da zu sein, ist nicht immer einfach, aber ich lerne dazu und entscheide mich täglich neu für meinen eigenen Weg.

Das erleben bestimmt auch viele Frauen, die versuchen, das Muttersein und einen Beruf unter einen Hut zu bringen. So sehr sie sich davon frei machen möchten – Glaubenssätze wie »Eine gute Mutter gibt ihr Kind nicht weg« oder »Mit Kind kannst du keine Karriere machen« sind hartnäckig und lassen sich nicht so ohne Weiteres wegschieben. Ich denke, viele Mütter haben das Gefühl, zerrissen zu sein. Im Job sind sie gedanklich bei den Kindern, wenn sie mit den Kindern zusammen sind, denken sie an ihren Job. Und sie haben ständig das Gefühl, den hohen Ansprüchen, die an sie gestellt werden, nicht zu genügen.

Ich versuche immer, mich auf die Werte zu besinnen, die für mich von Bedeutung sind, und mich von solchen Pauschalforderungen unabhängig zu machen. Das hat zur Folge, dass ich keine »klassische Mutter« bin. Der Spagat, als Sportlerin volle Leistung zu bringen und gleichzeitig für meinen Sohn da zu sein, ist nicht immer einfach, aber ich lerne dazu und entscheide mich täglich neu für meinen eigenen Weg.

Ringen um Prioritäten

Seitdem ich Mutter bin, habe ich noch mehr gelernt, Prioritäten zu setzen, aber auch zu »funktionieren«. Ich habe viel mehr Verantwortung als früher, ich stimme meinen Tag auf den Lebensrhythmus meines Sohnes ab. Das war eine große Umstellung für mich.

Dass das gelegentlich auch anstrengend ist, versteht sich von selbst. Und es bringt auch manchmal harte Entscheidungen mit sich. Ein Beispiel: Im März 2020, wenige Tage vor einem wichtigen Weltcup-Turnier in s'Hertogenbosch, wurde Moritz, mittlerweile zweieinhalb Jahre alt, krank. Er hatte sich einen grippalen Infekt eingefangen und hatte hohes Fieber. Geplant war, dass wir gemeinsam in die Niederlande fliegen würden, begleitet von meiner Mutter. Wir hatten mit Moritz im Vorfeld darüber gesprochen, er erzählte mir auch immer wieder, dass wir bald nach Amsterdam fliegen würden. Und nun das: Der Termin der Abreise rückte näher, aber Moritz ging es nicht besser.

Was tun? Mir war klar, dass er mich brauchte und bei mir sein musste, aber ich wollte natürlich auch sehr gern das Turnier reiten. Je länger ich darüber nachdachte, desto weniger konnte ich klar denken. Die unruhigen Nächte mit dem fiebernden kleinen Kerl taten mir auch nicht besonders gut. An dem Morgen, an dem wir eigentlich abreisen sollten – Zaire war mit Anna und der gesamten Ausrüstung schon auf dem Weg –, war ich so fertig, dass ich weinend auf dem Bett lag, Moritz auf meinem Bauch, der meine Traurigkeit spürte und gleich mitweinte. Natürlich war ich traurig! Ich bin schließlich auch mit Leib und Seele Profisportlerin. Und die Entscheidung gegen die Teilnahme an dem Turnier fiel mir wirklich nicht leicht. Wäre es okay, Moritz bei meiner Mutter und meinem Mann Max zu lassen und das Turnier zu reiten? Würde ich ihm wirklich schaden, wenn ich fuhr? Oder ganz nüchtern gefragt: Wie viel Egoismus ist in einer solchen Situation richtig und angemessen?

Schließlich ging ich mit ihm zu unserer Kinderärztin, die mir nach einer gründlichen Untersuchung den guten Rat gab, noch einen Tag abzuwarten: »Manchmal geht es bei kleinen Kindern ganz schnell. Wenn er morgen früh fieberfrei ist, fliegen Sie mit ihm.« Ich war so erleichtert! Die Kinderärztin hatte mir mit ihrer sachlichen, ganz und gar unaufgeregten Auskunft wieder klare Sicht verschafft. Ich würde zusammen mit Moritz in die Niederlande fliegen – oder eben gar nicht. Er musste bei mir sein, wenn er krank war, das war mir mittlerweile klar, entweder zu Hause oder auf Reisen. Mein Herz wusste es jetzt.

> Natürlich war ich traurig! Ich bin schließlich auch mit Leib und Seele Profisportlerin. Und die Entscheidung gegen die Teilnahme an dem Turnier fiel mir wirklich nicht leicht.

Am nächsten Morgen erklärte mir Moritz mit Überzeugung: »Wir fliegen heute nach Amsterdam.« Er spürte, wie gerne ich mit ihm dorthin fliegen wollte, und auch er findet es toll, mit mir zu reisen. Aber er hatte immer noch etwas Fieber, war noch längst nicht gesund. Damit war der Fall erledigt, und ich entschied mich, mit ihm zu Hause zu bleiben. Obwohl Zaire, die ich auf dem Turnier vorstellen wollte, bereits gut in den Niederlanden angekommen war, begleitet von ihrer Pflegerin Anna und zusammen mit meiner gesamten Ausrüstung bis hin zum Kulturbeutel. Und obwohl ich dieses Turnier wirklich sehr, sehr gern geritten hätte … Die Prioritäten waren klar, mein Kind musste bei mir sein und ich bei ihm. Ich fühlte mich nach dieser Entscheidung mit mir im Reinen.

Das ist meine Richtschnur – ich möchte mich mit mir im Reinen fühlen, möchte meiner Intuition folgen. Richtig oder falsch? Die Antwort auf diese Frage liegt immer im Auge des Betrachters.

Ich weiß, dass manche in der Kita mich schon deshalb für

eine »eigenartige Mutter« halten, weil ich Moritz morgens nicht selbst bringe. Karin übernimmt das, und ich bin sehr froh darüber, denn auf diese Weise kann mein Arbeitstag eine halbe Stunde früher beginnen, ohne dass ich Moritz etwas wegnehme.

Ich versuche, auch in dieser Hinsicht meinen eigenen Weg zu gehen. Und ich gebe zu, es ist gar nicht so einfach, die richtige Balance zu finden und die Prioritäten so zu setzen, dass wir uns alle damit gut fühlen. Es gelingt mir mal besser, mal weniger gut, aber ich lerne jeden Tag dazu.

Und ich habe ein Umfeld, das mir den Spagat erleichtert. Ich lebe dort, wo ich arbeite, das macht schon viel aus. Und da sind die Menschen, die mich auf vielfältige Weise unterstützen. Mein Mann, der in alle Entscheidungen einbezogen ist und sie ohne Wenn und Aber mitträgt; meine Eltern, vor allem meine Mutter; unsere Mitarbeiter, speziell Karin, die mich vormittags im Haushalt unterstützt und nachmittags gelegentlich im Stall mitarbeitet, im Notfall aber gern einspringt, wenn ich mal kurz die Hände frei haben muss. Sie alle halten mir den Rücken nicht nur frei, sie stärken mir den Rücken. Da ist niemand, der mir ein schlechtes Gewissen einredet. Das spüre ich im Alltag, aber besonders empfinde ich diese Rückenstärkung, wenn ich auf einem Turnier meine Familie dabeihabe. Dass mein Mann, der sehr erfolgreich ein Unternehmen führt, stolz auf mich ist, wenn er am Rand steht, unseren Sohn auf dem Arm, erfüllt mich mit Glück. Ich weiß, dass das nicht selbstverständlich ist.

Sie alle machen es mir möglich, mit Leib und Seele Profisportlerin zu sein und in meiner Mutterrolle aufzugehen. Meine Aufgabe ist es »nur noch«, beides wirklich voll zu leben. Also am Vormittag mit ganzem Herzen und all meiner Konzentration und Hingabe mit den Pferden zu arbeiten und am Nachmittag meinem Sohn die absolute Priorität einzuräumen. Ohne das unangenehme Gefühl, nicht richtig da zu sein. Ohne Zerrissenheit.

So kann ich in meiner Mutterrolle aufgehen. Ich will für Moritz da sein, wenn er aus der Kita kommt und aus seinem Mittagsschlaf aufwacht. Dass wir dann praktisch jeden Nachmittag zusammen in den Stall gehen, die Pferde mit ein paar Möhren verwöhnen und alle einmal durchkuscheln, versteht sich von selbst. Das mag Moritz nicht nur sehr gern, es gehört seit jeher zu seinem Tagesablauf, und er verlangt auch danach. Ich glaube, ein Tag ohne die Pferde ist für ihn ebenso wenig vollständig wie für mich. Und er freut sich auch, die Menschen zu sehen, die im Stall arbeiten und die er alle von klein auf kennt. Aber ich reite nachmittags in aller Regel nicht. Die Nachmittage gehören ihm.

Das ist meine Richtschnur – ich möchte mich mit mir im Reinen fühlen, möchte meiner Intuition folgen. Richtig oder falsch? Die Antwort auf diese Frage liegt immer im Auge des Betrachters.

Anders als gedacht

Ich glaube, dass ich keine so gute und glückliche Mutter wäre, wenn ich den Profisport nicht hätte. Weil ich meinen Beruf und meine Pferde so sehr liebe und jeden Tag so viel Liebe »tanke«, kann ich auch mehr Freude und Liebe weitergeben.

Gerade weil ich so glücklich bin in dem, was ich beruflich tue, kann ich auch eine glückliche Mutter sein, und meine Freude überträgt sich auf mein Kind. Freiheit und Liebe gehören für mich noch heute genauso eng zusammen wie in meiner Kindheit.

Dazu gibt es ein schönes Zitat von Erich Fromm: »Liebe ist das Kind der Freiheit.«

Ich respektiere und bewundere jede Frau, die es schafft, Vollzeit-Mutter zu sein. Und gleichzeitig weiß ich, dass ich mit meinem eigenen Weg glücklich bin. Ich führe kein Doppelleben.

Ich zerreiße mich auch nicht zwischen zwei Lebensbereichen, die voneinander getrennt sind. Mein Leben als »Pferdemama« und mein Leben als Mutter meines Sohnes laufen nicht nebeneinander her, sie ergänzen und durchdringen sich. Für mich ist das eine ohne das andere nicht denkbar. Ich bin genau die Mutter, die ich sein möchte.

In manchen Bereichen ist die Einschränkung im Übrigen kleiner, als ich erwartet hatte. Während der Schwangerschaft – die allerdings auch absolut unkompliziert verlief – bin ich in eingeschränktem Maße weitergeritten. Dabei habe ich sehr auf mich geachtet und in mich hineingehorcht, um kein Risiko einzugehen. Da ich es gewöhnt bin, gut auf meinen Körper zu hören, fiel es mir relativ leicht, für mich einzuschätzen, was geht und was nicht geht. Und es ging – wenn auch anders, als ich vorher gedacht hatte.

Zum Beispiel hatte ich mir vorgenommen, bis zuletzt zu reiten, bis kurz vor der Geburt. So war der Plan. Doch daraus wurde nichts: Die letzten zwei Wochen bin ich herumgestapft wie eine Ente, kein Gedanke daran, auf ein Pferd zu steigen. Zum Glück haben wir in Aubenhausen tolle Bereiter, die in dieser Phase weiter mit den Pferden gearbeitet und sie fit gehalten haben.

Stattdessen habe ich aber in der gesamten Zeit mehr unterrichtet und natürlich viel im Stall mitgeholfen. Jeden Morgen war ich um sieben im Stall und habe die Pferde mit auf die Koppeln geführt. Ich wollte mich viel bewegen, wenn auch in einem anderen Maß und auf andere Weise als sonst. Das war für meine Fitness gut, für mein psychisches Wohlbefinden, aber natürlich auch für die Pferde.

Das viele Unterrichten hat mich weitergebracht, denn auf einmal sah ich meine Pferde häufiger von unten. Wenn ich mit unserer damaligen Bereiterin arbeitete, konnte ich das Gefühl aus dem Sattel direkt mit auf den Boden nehmen und ihr sagen, was sie tun soll – und ich sah den Effekt sofort. Das war sehr inspirierend und hat mir selbst viele neue Trainingsimpulse vermittelt. Ich konnte die Schwangerschaft tatsächlich für einen Perspektivwechsel nutzen.

Ich hatte übrigens auch den Vorsatz, nur zehn Kilo zuzunehmen – um dann beim elften Kilo alle vorgefassten Pläne über Bord zu werfen und zu essen, worauf ich Lust hatte. Am Ende waren es etwa 15 Kilo.

Auch was die Turniere anging, lief es etwas anders als geplant. Das Turnier in Hagen im April (da war ich im sechsten Monat schwanger) stand in meinem Terminkalender, aber mein Körper signalisierte ganz klar, lass es bleiben. Also habe ich – leichten Herzens – darauf verzichtet.

Noch krasser war das Erlebnis mit dem Weltcup-Finale in Omaha. Zum Zeitpunkt des Turniers, im März 2017, war ich im fünften Monat schwanger. Ich habe mir eine ganze Weile überlegt, ob es in Ordnung wäre, dieses Turnier noch zu reiten, zumal ja auch ein langer Flug in die USA dafür nötig war. Eine schwierige Entscheidung! Ich war zu dieser Zeit auf Platz drei des Weltcup-Rankings, war fürs deutsche Team gesetzt, ritt auf einer echten Erfolgswelle. Unee und ich waren in absoluter Topform. Die Lust, in Omaha mitzumischen, war also riesengroß. Andererseits stand natürlich die Sorge im Raum, der lange Flug könnte negative Auswirkungen auf meine Schwangerschaft haben.

Mir ging es aber so gut, dass ich letztlich das Gefühl hatte, es wäre kein Problem. Mein Arzt bestärkte mich darin, zu fliegen; auch er erwartete weder durch den Flug noch von dem Turnier irgendwelche Probleme, wenn ich die üblichen Vorsichtsmaßnahmen gegen Thrombose beachtete. Denn die Schwangerschaft lief bisher absolut problemlos und unauffällig. Also los! Um das Ganze für mich etwas schonender zu gestalten und besser »anzukommen«, beschloss ich, gemeinsam mit meiner Mutter und Zoltán, dem damaligen Pfleger von Unee, vorauszufliegen, um ihn dort zu empfangen und auch für mich genug Zeit zur Eingewöhnung zu haben. Unee würde von Amsterdam aus »nachfliegen«. Es darf immer nur ein Pfleger pro Nation bei den Pferden im Flugzeug bleiben. Das war in diesem Fall die Pflegerin von Isabell Werths Stute Weihegold.

Bei einer Zwischenlandung in Chicago kam ein Anruf meiner Pflegerin, die Unee bis zum Abflug begleitete: Unee hatte eine Kolik. Nach Rücksprache mit dem Mannschaftstierarzt und der Besitzerin von Unee, Beatrice Bürchler-Keller, beschlossen wir, Unee nicht fliegen zu lassen. Das Risiko war uns zu groß, auch wenn es ihm kurz vor dem Abflug schon wieder erkennbar besser ging. Die ganze Situation war sehr traurig und irgendwie verrückt: Da hatte ich mich nun entschieden, mit Baby im Bauch nach Amerika zu fliegen, um das Weltcup-Finale zu reiten, und dann war der ganze Aufwand umsonst.

Traurig sind wir erst einmal weiter nach Omaha geflogen. Wir mussten unseren verfrühten Rückflug ja erst organisieren, das dauerte einen Tag. Da die Entscheidung, Unee wieder nach Hause zu schicken, so kurzfristig getroffen worden war, flog unsere gesamte Ausrüstung mit nach Omaha: mein Sattelschrank, meine Futtereimer mit der Aufschrift »Unee BB«, alles war bereit – nur Unee fehlte. Es war wirklich traurig und gespenstisch.

Wäre mir das mit der Kolik zwei Jahre zuvor beim Weltcup-Finale in Las Vegas passiert, ich wäre am Boden zerstört gewesen. Und auch jetzt war ich natürlich bitter enttäuscht. Aber ich konnte irgendwie besser damit umgehen. Und das hatte sicher auch mit Moritz zu tun.

Nach der Entbindung war ich extrem schnell wieder im Sattel, ermutigt von meinem Arzt, der sich ein wenig mit dem Reiten auskennt und den positiven Effekt für die Rückbildung hoch einschätzte. Aber auch hier habe ich genau auf meinen Körper geachtet und nur gemacht, was sich gut und richtig anfühlte.

Nach zwölf Tagen hielt ich es nicht mehr aus, ich musste einfach reiten!

Ich fing genau dort an, wo ich in den Wochen vor Moritz' Geburt aufgehört hatte: mit Dalera. Sie ist schön zu sitzen und passt auf mich auf, für den Neustart war sie also genau die Richtige. Und es fühlte sich einfach nur toll an. Am ersten Tag habe ich ein Pferd geritten, am nächsten schon zwei, dann drei. Bei diesem Pensum blieb ich dann ein paar Wochen lang. Zusätzlich trainierte ich meinen Beckenboden.

Vier Wochen nach der Entbindung war ich wieder auf dem internationalen Turnierparkett – in Donaueschingen. Das klingt nun in der Tat ein wenig verrückt, aber ich war so beflügelt, dass ich einfach Lust hatte, wieder richtig durchzustarten. Wahrscheinlich hatte ich zu dieser Zeit einen ganz besonderen Glückscocktail im Blut, eine wunderbare Mischung aus Hormonen, dem herrlichen Gefühl, Moritz in meinem Leben zu haben, und dem ebenso grandiosen Gefühl, endlich wieder reiten zu können. Ich fühlte mich, als könnte ich Bäume ausreißen!

Und so ging es dann auch gleich wieder richtig los, denn ich gewann gleich drei von vier Prüfungen auf diesem internationalen Turnier. Es war, als wäre ich nie weg gewesen. Nein, besser noch: Ich ritt irgendwie leichter, befreiter. Nach dem erfolgreichen ersten Turnierstart sagte mein Trainer Jonny Hilberath zu mir: »Also wenn du immer so aus der Schwangerschaft zurückkommst, kannste gerne noch viele Kinder bekommen.«

Rückblickend weiß ich bei allem Schwung, den ich damals hatte, gar nicht, wie ich das alles geschafft habe – und dabei auch noch ein halbes Jahr lang zu stillen. Aber ich wollte es unbedingt schaffen, und zum Glück hat es auch geklappt. Wahrscheinlich nur, weil ich es wirklich wollte und mich auch von skurrilen Situationen nicht aus dem Konzept bringen ließ. Bei Weltcup-Turnieren, wenn ab sechs Uhr morgens Training war, saß ich um fünf Uhr im Hotelbad mit der Milchpumpe.

Und es geht nur mit Hilfe. Wenn ich bei Turnieren oft schon in aller Früh trainieren musste, ist meine Mutter ins Zimmer gehuscht, sodass sie bei Moritz war, wenn er aufwachte. Manchmal war ich sogar schon wieder zurück, wenn er noch schlief. Für ihn war es dann, als wäre ich gar nicht weg gewesen. Es war eine besondere, wundervolle Situation: Ich war Mutter und wurde dabei selbst bemuttert. Ohne die Hilfe meiner Mutter hätte ich es gewiss nicht geschafft.

Mutter sein ist etwas ganz Besonderes. Der Begriff »bedingungslose Liebe« hat für mich eine neue Bedeutung bekommen, seitdem Moritz auf der Welt ist.

Marrakesch –
Herausforderungen annehmen

Gerade habe ich mich einer neuen Herausforderung angenommen: Ein wunderschönes schwarzes Pferd namens Marrakesch, acht Jahre alt, ist in meine Stallgasse in Aubenhausen eingezogen.

Was genau in seiner frühen »Kindheit« passiert ist, weiß ich nicht. Es muss aber ein Ereignis gegeben haben, das ihm jegliches Vertrauen geraubt hat. Marrakesch lässt sich nicht scheren, nicht vom Tierarzt behandeln, man kann ihm kein Blut abnehmen und ihn nicht auf normale Weise impfen. Er reagiert in all diesen Situationen panisch und völlig kopflos. Wenn er in einen solchen Angstzustand fällt, versucht er, alles um sich herum anzugreifen oder wegzustürmen. Kurzum, eine Begegnung mit dem Tierarzt kann extrem gefährlich werden.

Inzwischen haben wir festgestellt, dass er immer dann panisch wird, wenn ihn ein Tierarzt anfassen möchte, vor allem, wenn er das Gefühl hat, jemand könnte ihn spritzen wollen. Damit muss er wohl eine sehr schmerzhafte Erfahrung gemacht haben. Der Umgang mit vertrauten Menschen fällt ihm mittlerweile sehr viel leichter, er ist richtig verschmust geworden. Aber auch wir könnten ihn nicht so ohne Weiteres impfen oder den Zahnarzt kommen lassen.

Bevor er zu mir kam, hat Marrakesch ein halbes Jahr bei Warwick McLean in Norddeutschland gelebt. Warwick hat sich unter anderem darauf spezialisiert, mit Pferden Gelassenheit zu trainieren, und er hat schon viel erreicht, sodass wir (mein Team und ich) jetzt mit Marrakesch weiterarbeiten können.

Nicht nur im Stall, auch beim Reiten ist Marrakesch eine echte Herausforderung für mich. Obwohl er sich unglaublich schwungvoll und geschmeidig bewegen kann und drei herausragende Grundgangarten hat, ist er ein bisschen verrückt (aber niemals gefährlich) und hat oft noch wenig Gefühl für sich und seinen Körper. Unsere Fütterungsexpertin Frau Dr. Dorothe Meyer meinte einmal zu mir, dass Ähnliches oft nach der Kastration passiert und Wallache dann erst einmal ein schlechteres Körpergefühl haben – vor allem die Verbindung zur Hinterhand leidet häufig darunter. Sie rät: Viel rückwärtsgehen lassen, am besten auch über Schrittstangen. Gesagt, getan, ich habe es auf jeden Fall mal in mein Training mit eingebaut, und ich habe auch das Gefühl, dass es schon ein bisschen hilft.

Im Grunde seines Herzens ist Marrakesch – genau wie alle anderen Pferde – ausgesprochen liebevoll, freundlich und verschmust. Tatsächlich ist er in den wenigen Monaten, die ich mit ihm arbeite, aufgeschlossener geworden. Selbst zu Fremden ist er freundlich und auch zu Späßen aufgelegt.

Aber die psychische Verletzung sitzt bei ihm sehr tief. Ich möchte ihm so gerne helfen … Am liebsten würde ich ihm einfach erklären, dass er die Vergangenheit loslassen und sich ganz neu auf mich und mein Team einlassen darf. Aber so einfach ist es leider nicht, auch wenn ich in so einem Fall gerne zur Telepathie greife. Zunächst einmal habe ich mir vorgenommen, seiner Seele so viel Gutes zu tun, wie mir möglich ist. Auch meine Mutter versucht, ihm mit Energiearbeit zu helfen.

Jeder, ob Mensch oder Tier, hat es verdient, dass wir ihm helfen, sein Potenzial zu entfalten.

Ein Anreiz für meine Beharrlichkeit ist sein Potenzial: Marrakesch hat drei herausragende Grundgangarten, er ist wunderschön, und ich kann mir vorstellen, wenn ich ihn voll auf meiner Seite habe und das Psychothema Tierarzt einigermaßen händelbar wird, dass er ein echter »Edelstein« ist!

Ich könnte auch sagen: Mir bleibt im Grunde genommen gar nichts anderes übrig, als es zu versuchen. In der Verfassung, in der ich die Zusammenarbeit mit ihm gestartet habe, wäre er unverkäuflich oder zumindest äußerst schwer verkäuflich gewesen. Aber das spielt jetzt keine Rolle für mich. Viel wichtiger ist mir: Ich finde, er hat eine Chance verdient. Jeder, ob Mensch oder Tier, hat es verdient, dass wir ihm helfen, sein Potenzial zu entfalten.

Und so arbeite ich mit Marrakesch weiter, gelassen, geduldig und freundlich. Ich ignoriere seine kleinen Ausbrüche und lasse mich von ihm immer wieder daran erinnern, dass ich meinem Pferd nur dann Ruhe vermitteln kann, wenn ich selbst ruhig bin. Gut, dass meine Geduld im Umgang mit Pferden so groß ist.

Jeden Gedanken an Zeit versuche ich auszublenden. Zeitdruck wäre jetzt vollkommen falsch, selbst wenn ich ihn nur unterschwellig in Gedanken empfinden würde. An manchen Tagen denke ich, jetzt werden wir es schaffen. Und an anderen Tagen denke ich, wir schaffen es nie, wir scheitern zusammen.

Dabei weiß ich doch: Es wird so lange dauern, wie es eben dauert. Ich weiß nicht, ob Wochen, Monate oder Jahre nötig sein werden, bis er wieder Vertrauen fasst. Ich weiß auch nicht, ob er jemals wieder an diesen Punkt kommen wird, ich kenne ja die Ursache seiner Angst nicht. Trotzdem glaube ich fest daran, dass es irgendwann so weit sein wird. Irgendwann.

Ich habe alle Ziele in Bezug auf Marrakesch losgelassen. Ich mache ihm keinen Stress, ich mache mir keinen Stress. Letztlich wird genau das geschehen, was geschehen soll, daran glaube ich fest. Und es wird seinen Sinn haben, für mich und für dieses so schöne und innerlich so verletzte schwarze Pferd.

Wie lange es dauern wird, bis er sich ganz auf uns einlässt, und ob ich es wirklich schaffe, dass er stolz wird und sich und seinen Körper wieder richtig spürt, weiß ich nicht. Ob ich jemals mit ihm im großen Viereck tanzen werde, kann ich heute nicht sagen. Jetzt, in diesem Moment, ist es mir wichtig, dass ich ihm helfe, sich wahrzunehmen und auch beim Reiten stolz und selbstbewusst zu werden. Und dafür gebe ich mein Bestes.

Marrakesch erinnert mich aber auch täglich daran, wie wichtig es für uns alle ist, die Vergangenheit hinter uns zu lassen. Das gelingt uns Menschen mit der Kraft unseres Bewusstseins besser als den Pferden. Den Tieren müssen wir dabei helfen.

Die entscheidende Frage für mich ist: Wie gehe ich heute mit Verletzungen um, die mir in der Vergangenheit widerfahren sind? Bleibe ich in der Opferrolle stecken und bemitleide mich selbst, dass mir dies oder das passiert ist oder jemand mich schlecht behandelt hat? Nutze ich die Möglichkeit, in jedem Moment neu zu wählen, wer ich sein möchte und wie ich mit meiner Vergangenheit umgehe? Gerade die größten Schwierigkeiten sind es doch, die uns weiterbringen. Wir lernen am meisten, wenn es einmal nicht so gut läuft. Natürlich begreifen wir das erst im Nachhinein, denn in der Situation eines »unschönen Erlebnisses« sind wir zu sehr im Schmerz gefangen und haben den Kopf nicht frei für große Reflexionen.

Auch wenn ich im ersten Moment den Sinn hinter einem negativen Erlebnis nicht erkennen kann, stelle ich rückblickend oft fest, dass es gerade die schwierigen oder bitteren Ereignisse waren, die mich weiter zu mir selbst gebracht haben.

Deshalb stelle ich mir – mit einigem zeitlichen Abstand –, wenn etwas nicht geklappt hat oder es auch mal eine Serie von Missgeschicken gab, die Frage: Warum? Hat es eine tiefere Bedeutung? Was kann ich daraus lernen? Auch wenn ich im ersten Moment den Sinn hinter einem negativen Erlebnis nicht erkennen kann, stelle ich rückblickend oft fest, dass es gerade die schwierigen oder bitteren Ereignisse waren, die mich weiter zu mir selbst gebracht haben und die mir geholfen haben, der Mensch zu sein, der ich heute bin.

Ich kann mich jeden Tag dafür entscheiden, glücklich zu sein, und den ersten Schritt tun, um die Zügel selbst in die Hand zu nehmen. Ich bin nicht das Opfer der äußeren Umstände, sondern ich bin der Schöpfer meines Lebens. Natürlich gibt es Menschen, die einen leichteren Start ins Leben haben als andere. Und trotzdem haben so viele Menschen, die in widrigsten Umständen geboren wurden, gezeigt, wie großartig sie sind und dass ALLES möglich ist. Sie sind der Beweis dafür, dass jeder von uns sein Leben selbst gestaltet. Und ich bin fest davon überzeugt, dass mir dabei vor allem die Erkenntnis hilft: Aus schwierigen Situationen lerne ich am meisten.

Erfolg ist schön,
aber nicht alles

Manche sagen, Erfolg sei wie eine Droge. Ich kann mich mit dieser Behauptung nicht identifizieren, zumal mir die Vergleichsmöglichkeit fehlt: Ich habe nie Drogen genommen. Aber ich vermute, ein bisschen was ist da schon dran – und doch auch wieder nicht. Für mich hat der Moment des Erfolgs bestimmt etwas vom Zustand des Highseins, der aber genauso schnell verschwindet, wie er gekommen ist.

Ich erinnere mich noch gut an einen großen Erfolg mit Unee bei einem Weltcup-Turnier in Amsterdam 2016. Ich war total euphorisch und erlebte dieses Hochgefühl geradezu fassungslos. Wir hatten gerade ein neues Bestergebnis aufgestellt und waren nur um einen Punkt hinter Isabell Werth mit Weihegold an zweiter Stelle platziert. Drei Stunden später war ich bereits auf dem Heimweg, und alles war wieder »ganz normal«.

Auch nach dem großen Weltcup-Erfolg in Stuttgart 2019 war es so. Ich habe das Gefühl sehr genossen, habe mich immer mal wieder morgens in den Arm gekniffen und mir selbst versichert, dass dies kein Traum ist, dass ich wirklich und wahrhaftig gewonnen hatte. Noch Tage danach war die Freude da. Aber das Highsein war schnell wieder weg, und mein geerdeter Alltag kehrte zurück: der Alltag, den ich so sehr liebe, umgeben von meiner Familie, meinem Team und den Tieren.

Im Negativen ist es ähnlich. Als 2016 klar war, dass ich nicht zu den Olympischen Spielen nach Rio de Janeiro reisen würde, war ich natürlich sehr traurig und enttäuscht. Aber auch in dieser Situation wurde mir zum Glück recht schnell bewusst: Mein Leben ist immer noch genauso gut wie vorher. Ich habe immer noch denselben Mann, der mich noch genauso liebt, ich habe immer noch meine Familie, die Pferde sind gesund, ich darf immer noch jeden Tag das tun, was ich liebe. An den wesentlichen Dingen hatte sich also nichts geändert.

Ich gebe mein Bestes, um erfolgreich zu sein. Und der Erfolg ist auch eine Bestätigung meiner Arbeit und dass ich auf dem richtigen Weg bin. Aber ich möchte auch den Weg zum Erfolg genießen. Und das könnte ich nicht, wenn es mir nur um den Erfolg selbst gehen würde. Felix Gottwald, mehrfacher Olympia-Sieger, hat einmal zu mir gesagt: »Bei den Olympischen Spielen bringen viele Sportler nicht ihre Bestleistung, weil sie vergessen, worum es dort geht: um das Spiel. Die Sportler vergessen es, weil der Druck meist sehr groß ist. Die Art und Weise, wie wir mit diesem Druck umgehen – dem von außen und vor allem dem eigenen –, macht den Unterschied. Sich darauf zu besinnen, warum wir mit dem, was wir tun, als kleines Kind begonnen haben, lässt uns mit dieser kindlichen Begeisterung und dem so wichtigen spielerischen Aspekt in Verbindung bleiben.« Ich finde, er hat so recht. Doch das ist auch leichter gesagt als getan. Und es ist noch einen Tick schwieriger, wenn ich nicht »nur für mich« reite. In einer Einzelwertung bin ich nur für mich selbst verantwortlich. In einer Mannschaftswertung sitzt mir durchaus die gefühlte Verpflichtung im Nacken, für das Team Bestleistungen zu bringen.

Ich versuche einfach, mir immer wieder zu sagen, dass ich nicht mehr tun kann, als mein Bestes zu geben. Und mein Bestes gebe ich dann, wenn ich mich und mein Pferd so gut wie möglich vorbereitet habe und bei mir bin, im Hier und Jetzt. Mehr kann ich nicht tun – und daran versuche ich mich immer wieder zu erinnern. Genieße den Erfolg, aber auch den Weg dorthin.

Ich gebe mein Bestes, um erfolgreich zu sein. Und der Erfolg ist auch eine Bestätigung meiner Arbeit und dass ich auf dem richtigen Weg bin. Aber ich möchte auch den Weg zum Erfolg genießen. Und das könnte ich nicht, wenn es mir nur um den Erfolg selbst gehen würde.

AUBENHAUSEN – AUS LIEBE ZUM PFERD UND BEGEISTERUNG FÜR DEN REITSPORT

Spätestens seit dem Tag unseres Umzugs nach Aubenhausen vor nun fast dreißig Jahren sind die Pferde und das Reiten aus meinem Leben nicht mehr wegzudenken. Mein Bruder Benjamin und ich haben uns sehr bald dem Reiten als Leistungssport verschrieben, durften große und kleinere, aber immer sehr schöne reiterliche Erfolge feiern und über die Jahre hinweg Aubenhausen zu einem der großen Zentren für das Dressurreiten in Deutschland ausbauen: Wir bilden gemeinsam mit unseren Bereitern Pferde aus, begabte junge Pferde, die wir bis zur Grand-Prix-Reife begleiten. Hier leben und arbeiten wir, zusammen mit unseren Familien und den Menschen, die unsere Liebe und unsere Leidenschaft teilen.

Der Hof abseits
der großen Straßen

Aubenhausen liegt ein Stück von den Hauptstraßen entfernt, selbst manche Navis haben Probleme, uns zu finden. Das gilt auch im übertragenen Sinne: Wir sind weit weg vom großen Getriebe des Turniersports, und das gefällt uns gut. Hier sind wir für uns, in unserer eigenen kleinen Welt. Mein Bruder Benjamin hat zu unserer Ausbildungsphilosophie ein paar grundsätzliche Gedanken aufgeschrieben, die, wie ich finde, gut hierher passen:

> Die Ausbildung von Dressurpferden ist auch deshalb so spannend, weil jedes Pferd anders ist. Es gibt für uns nicht den einen richtigen Ausbildungsweg, der sich für alle Pferde eignet. Es gibt viele, und wir versuchen, für jedes Pferd den passenden Weg zu finden.

Wir konzentrieren uns bei der Ausbildung unserer Pferde auf die Anerkennung. Denn unsere Erfahrung ist es, dass die Pferde danach streben, genauso wie wir Menschen. Es macht uns große Freude, unseren Pferden Anerkennung zu geben und sie so zu motivieren, mit uns gemeinsam als »Tanzpartner« Höchstleistungen zu erbringen. Eine Devise von uns ist es, mit allen Herausforderungen, die sich im Laufe der jahrelangen Ausbildung stellen, früh zu beginnen und sich dafür viel Zeit zu lassen. Denn die Pferde brauchen Zeit. Um zu verstehen und den Spaß zu behalten. Das ist ganz ähnlich wie bei Kindern.

Die Ausbildung von Dressurpferden ist auch deshalb so spannend, weil jedes Pferd anders ist. Es gibt für uns nicht den einen richtigen Ausbildungsweg, der sich für alle Pferde eignet. Es gibt viele, und wir versuchen, für jedes Pferd den passenden

Weg zu finden. Da hilft uns mittlerweile unsere Erfahrung. Eines vereint aber alle Wege: positive Verstärkung.

Darin eingeschlossen ist auch der entspannte Umgang mit Fehlern. Wir wissen, dass Fehler Teil der Entwicklung sind. Sie bringen uns und die Pferde weiter, wenn wir richtig damit umgehen. Pferde machen nichts absichtlich falsch, auch wenn sie manchmal durchaus frech und störrisch sein können. Daraus ergibt sich unser Umgang mit Fehlern unserer Pferde bei der Ausbildung: Wir versuchen, Fehler möglichst zu ignorieren und das Richtige schon im Ansatz zu belohnen. Denn Pferde suchen – wenn man sie zu etwas auffordert – immer nach einer Lösung, die für sie angenehm ist. Wir wollen ihnen durch logisches, korrektes und gefühlvolles Reiten in jedem Moment eine passende Lösung aufzeigen. Sodass alles – auch die schwerste Lektion – am Ende nicht nur leicht aussieht, sondern sich auch wirklich leicht anfühlt.

Reiterliches Können, körperliche Fitness und Persönlichkeitsentwicklung gehören für uns zusammen.

Ähnlich ist unser Umgang mit den Schwächen von Pferden. Wir versuchen, Schwächen abzubauen, indem wir vor allem die Stärken der Pferde fördern.

Neben der Entwicklung unserer Pferde wollen wir auch uns selbst als Reiter ständig weiterentwickeln. Dazu zählt die Persönlichkeitsentwicklung sowie die körperliche Komponente des Reiters. Wir verfolgen einen ganzheitlichen Ansatz.

Reiterliches Können, körperliche Fitness und Persönlichkeitsentwicklung gehören für uns zusammen.

Und nur mit einem starken Team sind wir in der Lage, immer wieder das nächste Level zu erreichen. Die bestmögliche Unterstützung durch externe Trainer und die Betreuung unserer Pferde durch ein Expertenteam aus Tierärzten, Physiotherapeuten, Hufschmieden, Sattlern, Futterexperten und Pflegern ist dafür ein wichtiger Faktor. Daneben ermöglichen uns die äußeren Gegebenheiten in Aubenhausen, unseren Pferden eine breite Palette an Abwechslung zu bieten. All das sind unserer Meinung nach die besten Voraussetzungen für den Erfolg.

Unsere Trainingsprinzipien

Wollen wir unsere Trainingsprinzipien auf einen kurzen Nenner bringen, dann ist es wohl dieser: spielerische Konsequenz. Darin ist vieles zusammengefasst.

Die Zeit, die wir mit unseren Pferden verbringen, darf einfach Spaß machen, und zwar allen: den Pferden, den Reitern und allen Pflegern. Arbeit soll und darf Spaß machen.

Klar, alle Pferde haben auch mal einen schlechten Tag, genau wie wir Menschen. Aber diese Tage dürfen wir einfach akzeptieren und dann vielleicht auch mal aufs Training verzichten bzw. den Trainingsplan spontan ändern. Doch ich habe die Erfahrung gemacht, dass Pferde unheimlich schnell lernen, wenn ihnen das Training Freude macht und wir ihnen genug Anerkennung und Lob für ihre kleinen (und natürlich auch für die großen!) Fortschritte zollen.

> Arbeit soll und darf Spaß machen.

Pferde lieben Anerkennung! Wie wahrscheinlich fast alle Lebewesen. Dass Anerkennung bei Mensch und Tier ein wichtiges Hilfsmittel ist, wenn sie etwas lernen sollen, ist im Prinzip schon lange bekannt und irgendwie auch selbstverständlich. Allerdings hat es sich bis heute leider weder für den Umgang mit Tieren noch mit Menschen wirklich durchgesetzt. Wie groß die Bedeutung von Anerkennung – Lernspezialisten sprechen in diesem Zusammenhang von positiver Verstärkung – fürs Lernen und für die Leistungsbereitschaft ist, lässt sich am Beispiel von Walen sehen. Ihnen kann man ausschließlich mit positiver Verstärkung etwas beibringen. Die Trainer fangen erwünschtes Verhalten sozusagen ein, indem sie die Tiere belohnen, wenn sie eher zufällig etwas richtig machen, beispielsweise über eine Schnur schwimmen. In der Regel dauert es nicht lange, bis die Wale den Zusammenhang herstellen: Wenn ich über diese

Schnur schwimme, kommt ein Leckerbissen, und ich werde gelobt. Und da auch Wale Anerkennung über alles lieben, wollen sie diese angenehme Erfahrung immer wieder machen. Also schwimmen sie wieder und wieder über die Schnur, springen später auch darüber, wenn man sie mit der Zeit immer höher spannt. Lernaufgabe gelöst.

Sehr schön und ausführlich wird diese Technik in dem Buch *Whale done* von Ken Blanchard beschrieben. Er überträgt sie auch auf Menschen, der Untertitel des Buchs lautet: »Von Walen lernen: So motivieren Sie jedes Team zu Spitzenleistungen.« Sein Erfolgsprinzip für Teams, Ehepaare und Eltern lautet: Lob und Anerkennung motivieren besser als jede Strafe. Ganz besonders gut hat mir aber seine Widmung gefallen. In ihr heißt es unter anderem: »Wir widmen dieses Buch unseren unbesungenen Helden, jenen vielen engagierten Menschen, die es sich seit Langem zur stillen Gewohnheit gemacht haben, auf die guten Leistungen ihrer Mitmenschen zu achten und ihnen zu sagen, dass sie ihre Arbeit sehr zu schätzen wissen. Wenn Sie dieses Buch gelesen haben, wird die Liste derer, denen es gewidmet ist, so hoffen wir, auch Ihren Namen enthalten.« Ich habe es nicht nur gelesen, sondern viel daraus gelernt und zur Anwendung gebracht.

Ich kenne es von mir selbst: Ich suche die Anerkennung durch meinen Bruder und unsere Trainer, aber natürlich auch durch meine Erfolge auf Turnieren. Sie ist für mich als Leistungssportlerin eine Motivation, immer wieder Höchstleistungen zu bringen und mein Bestes zu geben. Wenn die Anerkennung lange ausbleibt, ist es mühsamer, mich innerlich zu motivieren.

Bei Pferden ist es genauso. Wenn sie etwas gut machen und sie werden dafür gelobt, dann finden sie das toll und wollen unbedingt wieder etwas machen, wofür sie gelobt werden. Daher bin ich fest davon überzeugt, dass die positive Verstärkung, also Anerkennung in Form von Lob und Zuspruch, die beste Trai-

ningsmethode ist, um Pferde weiterzuentwickeln. Und konkret heißt das:
Ich konzentriere mich auf die Stärken
der Pferde und belohne sie, so oft es
sich irgendwie anbietet und sie etwas
gut machen.

*Ich konzentriere
mich auf die Stärken
der Pferde und
belohne sie, so oft
es sich irgendwie
anbietet und sie
etwas gut machen.*

Das Feedback darauf kommt sofort. Ich beobachte es besonders stark
bei neuen Pferden, die meine Methoden noch nicht so gut kennen. Die »alten Hasen« freuen sich über Anerkennung, aber sie
sind sie natürlich auch schon gewohnt. Die Neuen zeigen ihre
Freude noch viel deutlicher. Am Ohrenspiel sehe ich die Reaktion auf mein Lob. Es ist, als wollte das Pferd sich schnell mal
vergewissern: Hey, hab ich es wirklich gut gemacht? Und wenn
ich das dann noch einmal bestätige, spüre ich an der gesamten
Körpersprache den Stolz und die Freude des Pferdes.

Erst vor ein paar Tagen stand ich nach dem Training mit
Dalera in der Mitte unserer Reithalle und habe sie noch einmal ausgiebig gelobt. Sie stand ganz stolz da, und als ich das im
Spiegel sah, habe ich zu unserem Trainer Morten Thomsen gesagt: »Sie ist für mich das beste Pferd der Welt.« Und er erwider-
te: »Schau sie dir an, sie weiß es.«

Die Möglichkeiten, ein Pferd zu loben, sind übrigens viel-
fältiger, als man denkt: Die bekannteste Art ist wohl das ausgie-
bige Klopfen auf den Hals. Aber die meisten Pferde – für meine
Tiere würde ich sagen, alle – mögen auch viele andere Formen
von körperlichem Kontakt und Streicheleinheiten. Natürlich
können wir Pferde auch mit Leckerbissen belohnen. Und eine
gemütliche Schrittpause nach einer anstrengenden Trainings-
aufgabe wissen sie auch zu schätzen. Ich lobe die Pferde auch
sehr viel mit meiner Stimme: »Braaaav!« – »Suuuper!« – »Tolles
Mädchen!« ... Sie spüren an der Art, wie wir mit ihnen sprechen,
unser Wohlgefallen und unsere Anerkennung. Wenn sie etwas
besonders gut gemacht haben oder wenn etwas zum ersten Mal

richtig gut geklappt hat, lobe ich sie überschwänglich, ich feiere sie geradezu für das, was sie sind und was sie tun. Und das genießen sie in vollen Zügen.

Eine andere, eher indirekte Form des Lobes sind Variationen im Trainingsablauf. Wenn ich beispielsweise die Galoppwechsel auch mal auf der Galoppbahn übe und nicht immer nur auf der Diagonale, wo sie in der Prüfung gefordert werden, dann fühlt es sich eher nach Spaß und nicht so sehr nach Arbeit an. Wir haben hier in Aubenhausen viele Möglichkeiten, das Training an verschiedenen spannenden Orten durchzuführen. Ich denke, alle Pferde freuen sich, auch mal einfach nur im Wald auszureiten oder auf der Rennbahn zu galoppieren. Dazu kommen Möglichkeiten wie das Training an der Longe, der Aquatrainer und das Laufband. Aber schon ein Wechsel der Reihenfolge bringt viel Abwechslung ins Training. Und das lieben unsere Pferde.

Ebenso wichtig ist für mich aber auch die Konsequenz, wenn ich mich und mein Pferd weiterentwickeln möchte. Unter Konsequenz verstehe ich in diesem Zusammenhang, dass ich versuche, in jeder einzelnen Trainingseinheit das Bestmögliche aus uns beiden herauszuholen. Ich motiviere mein Pferd und mich, unsere Grenzen Stück für Stück zu verschieben. Das ist nicht möglich, wenn ich mich immer gleich mit der erstbesten Leistung, die mir mein Pferd bietet, zufriedengebe. Aber auch hier sind wieder sehr viel Gespür und Fingerspitzengefühl gefragt: Es geht immer darum, das Pferd zu fordern, ohne es zu überfordern. Dabei ist es für mich wichtig, mit viel Geduld meine Wahrnehmungsfähigkeit zu entwickeln. Hier brauchen nicht nur die Pferde Zeit, auch wir Menschen. Die Erfahrung hilft dabei.

Grundsätzlich geben uns die Pferde die Dauer der Ausbildung vor. Wir dürfen sie nicht in ein Schema pressen und meinen, dass sie dies oder das in einem ganz bestimmten Alter können müssen. Klar gibt es grobe Richtlinien, sie dienen der

Orientierung, aber manchmal beispielsweise wachsen Pferde auch viel länger als andere, wieder andere brauchen mehr Zeit, um in ihrem Körper »anzukommen« und sich auszubalancieren. All diese Faktoren beeinflussen, wie lange bestimmte Ausbildungsschritte dauern. Manche Pferde brauchen für einen Abschnitt länger, dafür fällt ihnen der nächste ganz leicht. Sie sind einfach nun mal individuelle Persönlichkeiten.

Womit wir schon bei dem Zauberwort wären, das mich bei jedem Pferd – vom Youngster bis zum erfahrenen Grand-Prix-Pferd – immer wieder begleitet: Balance! Das Wichtigste ist, die Pferde in ihr Gleichgewicht zu bringen und ihnen ihren Körper mit seinen Möglichkeiten so zu erklären, dass ihnen, wenn sie auch die Kraft dazu haben, letztendlich alle Lektionen leichtfallen. So machen wir sie »schöner« und erhalten sie gleichzeitig gesund – die wesentlichen Merkmale klassischer Dressurausbildung.

Es geht immer darum, das Pferd zu fordern, ohne es zu überfordern.

Was heißt, ein Pferd ist »im Gleichgewicht«? Es bedeutet, das Pferd trägt sich selbst und ermöglicht mir als Reiter auf diese Weise loszulassen. Bei einem versammelten Pferd muss ich dann nicht mehr mit den Schenkeln treiben, damit es vorwärts geht, und nicht mehr mit den Zügeln parieren, damit es bei mir bleibt. Ich bin als Reiter nur noch das Zünglein an der Waage und doch immer verbunden. Alle Lektionen gelingen spielerisch aus dem stabilen Sitz heraus. Das erfordert jahrelanges Training, Gymnastizierung und Detailverliebtheit. Doch Kraft und Balance sind die Grundvoraussetzungen, um mit meinem Pferd am Ende tanzen zu können.

Team Aubi –
Erfolg geht nur in der Mannschaft

Einer der Lieblingssprüche meines Vaters lautet: »Wer einzeln arbeitet, addiert. Wer zusammen arbeitet, multipliziert.« Er hat recht.

Aubenhausen und unsere gesamte Arbeit mit den Pferden funktionieren nur im Team. Der Hashtag #teamaubi ist in der Welt des Dressurreitens mittlerweile bekannt.

Der Erfolg, den wir hier haben, ist in höchstem Maße teamabhängig. Das gilt sowohl für unseren Reitsport als auch für die Arbeit mit den Pferden, die wir ausbilden und auch verkaufen. Das Management für die Pferde und die Fürsorge und Liebe, die die Pferde meiner Meinung nach brauchen, können nur funktionieren, wenn die Menschen in unserem Team »die gleiche DNA haben«. Das meine ich natürlich nicht wörtlich, und auch ein gewisses Maß an Verschiedenheit ist wichtig, um als Team erfolgreich sein zu können. Aber es geht darum, dass alle Menschen, die hier arbeiten, die Faszination für Pferde und die Liebe zu den Pferden in ähnlicher Weise spüren und teilen. Hingabe, Passion und Liebe prägen die Arbeit in unserem Team.

Hingabe, Passion und Liebe prägen die Arbeit in unserem Team.

Das Team Aubi besteht aus etwa zwanzig MitarbeiterInnen. Das Personalmanagement ist mein Verantwortungsbereich. Mir ist es sehr, sehr wichtig, bei allen, die hier arbeiten, die Liebe und Hingabe zu spüren, die unbedingt nötig sind, wenn wir mit Pferden umgehen. Unsere Mitarbeiter sollen Freude an dem haben, was sie tun und was gemeinsam getan wird. Auch wenn das Leben und Arbeiten hier wirklich nichts mit Ponyhof zu tun hat und anstrengend ist.

Anerkennung, Leistung und Verantwortung

Das alles bedeutet natürlich auch, dass jede Mitarbeiterin, jeder Mitarbeiter Verantwortung tragen soll und tragen darf. Damit das gut funktioniert, gibt es bei uns sogenannte »Teams im Team«. Ein solches kleines Team besteht aus einem Reiter und zwei Pflegern (bei meinem Bruder und mir sind es zweieinhalb Pfleger, wir teilen uns einen Springer, weil wir so viel unterwegs sind und in der Regel je von einem Pfleger begleitet werden). Das »Team im Team« betreut maximal zehn Pferde. Es organisiert sich weitgehend selbstständig, auch zum Beispiel bei der Absprache von Urlaubszeiten und freien Tagen.

Ich kann mit Freude und Stolz sagen, dass wir viele tolle Bewerbungen bekommen, sodass wir nicht um Mitarbeiter kämpfen müssen. Dafür bin ich sehr dankbar, denn ich lege bei der Personalplanung Wert darauf, dass wir eher über- als unterbesetzt sind. Hier soll ordentlich gearbeitet werden, aber es soll sich niemand überfordert fühlen. Für mich als Reiterin würde es zudem großen Stress bedeuten, wenn wir zu wenige wären. Früher, als wir noch mit deutlich weniger Mitarbeitern hier gearbeitet haben, fand für Benjamin und mich zum Beispiel Weihnachten praktisch nicht statt, da wir die gesamte Stallarbeit selbst erledigt haben. Die Pfleger, die über die Feiertage auf dem Gut blieben, feierten dann mit uns zusammen Weihnachten. Das war auch schön. Heute, da wir beide selbst eine Familie mit kleinen Kindern haben, wäre das so gar nicht mehr denkbar. Und ich bin froh, dass wir es uns heute leisten können, so viele ambitionierte Menschen zu beschäftigen.

Bei uns arbeiten neben Benjamin und mir aktuell drei Bereiter, dreizehn Pfleger und zwei Bürokräfte. Wobei in Aubenhausen alle Pfleger auch mit fürs Misten verantwortlich sind; wir trennen nicht zwischen Pflegern und denen, die nur misten. Bei uns mistet im Schnitt jeder Pfleger vier bis fünf Boxen aus, das ist schnell erledigt und belastet deutlich weniger, als wenn jemand ausschließlich fürs Misten verantwortlich wäre.

Am Anfang haben mein Bruder und ich ein Jahr lang selbst gemistet. Jeder fünf Boxen, jeden Tag. Und einen eigenen Pfleger, der uns half, die Pferde zu umsorgen, hatten wir auch nicht. Das war zwar anstrengend, aber gut fürs Teambuilding, auch weil wir uns dadurch den Respekt der Mitarbeiter im wahrsten Sinne des Wortes erarbeiten konnten. Wie sollten wir einschätzen, wie viel Arbeit das alles ist, wenn wir selbst damit keine Erfahrung haben? So waren wir mittendrin und haben nie jemanden von oben herab behandelt. Und gut für die körperliche Fitness ist es außerdem ...

Jedes Jahr vergeben wir zwei Praktikumsplätze. Das hat den Vorteil für die Mitarbeiter, dass sie zunächst einmal in den Beruf hineinschnuppern können, und die Hemmschwelle, sich bei uns zu bewerben, ist deutlich geringer. So bin ich auch an eine meiner absoluten Spitzenkräfte gekommen, Anna, die als Pflegerin (oder Groom, wie es im Fachjargon häufig heißt) mit mir zu den Turnieren fährt. Sie sagt selbst, dass sie sich damals nie getraut hätte, sich einfach bei uns als Pferdepflegerin zu bewerben. Bei der Bewerbung für ein Praktikum fiel ihr die Entscheidung leichter. Für uns ist die Praktikumszeit eine gute Gelegenheit, Menschen kennenzulernen. Und wir haben letztlich eine ganze Reihe von Praktikanten in eine Festanstellung übernommen. Wir bilden also nicht im klassischen Sinne zum Pferdewirt aus, sondern nutzen die Praktikumszeit auf die für alle vorteilhafteste Weise, auch wenn wir nicht alle Praktikanten später einstellen können. Viele nutzen das Jahr auch als sogenanntes »gapyear« nach dem Schulabschluss, bevor sie ihr Studium oder die Ausbildung beginnen. Diese jungen Leute geben hier ein Jahr lang wirklich ihr Bestes, bringen frischen Wind in den Betrieb und sind ein Gewinn für uns alle. Oft sind sie das erste Mal von zu Hause weg, sodass sie das familiäre Umfeld, das gemeinsame Leben auf dem Hof sehr schätzen. Wir wünschen uns, dass sie mit einer positiven

Erfahrung ihren Weg weitergehen, wenn sie uns verlassen. Die meisten sind danach richtig »erwachsen«. Und sie gehen als selbstbewusste Menschen, bei denen ich manchmal denke, sie sind irgendwie reifer als an dem Tag, an dem sie bei uns anfingen.

Mir ist sehr wichtig, dass sich die Teammitglieder gut verstehen. Nicht nur, weil Spannungen im Team Kraft kosten und so der Arbeitsleistung schaden, oder weil es angenehmer ist, mit entspannten Menschen zusammenzuarbeiten. Vor allem geht es mir immer wieder um die Frage: Wie geht es den Pferden? Denn die Pferde spüren alles, auch Spannungen im Team. Sie sind hochsensible Lebewesen mit sehr individuellen, teilweise am Anfang noch schüchternen Persönlichkeiten. Die Pferde, die bei uns leben, sind meist Spitzensportler und so anspruchsvoll wie Topathleten.

Mir ist sehr wichtig, dass sich die Teammitglieder gut verstehen. Nicht nur, weil Spannungen im Team Kraft kosten und so der Arbeitsleistung schaden, oder weil es angenehmer ist, mit entspannten Menschen zusammenzuarbeiten. Vor allem geht es mir immer wieder um die Frage: Wie geht es den Pferden?

Deshalb achte ich sehr auf den Charakter unserer Mitarbeiter. Den erkenne ich auch mit relativ viel Erfahrung nicht beim ersten Vorstellungsgespräch, aber doch recht bald. Nach drei Wochen weiß ich schon viel, nach drei Monaten ist mir meist klar, ob es passt oder nicht.

Natürlich gibt es auch Enttäuschungen. Da wird beispielsweise einem Mitarbeiter, mit dem ich mich sehr verbunden fühle, von anderer Stelle sehr viel Geld geboten, um ihn von uns abzuwerben. Eine schwierige Situation – ich kann und will mich da nicht unter Druck setzen lassen, weil ich damit das Gleichgewicht im Team stören würde. Also muss ich ihn gehen lassen. »Reisende soll man nicht aufhalten«, sagt mein Vater immer wieder. Mittlerweile sage ich das auch. Es ist mir wichtig, dass jeder Einzelne aus voller Überzeugung hinter unserer Arbeit und unseren Pferden steht.

Jeder macht das, was er am besten kann

Allerdings funktioniert kein Team ohne Führung, und das heißt vor allem: Anerkennung *schenken* und Verantwortung *übergeben*.

Zum Thema Anerkennung und positive Verstärkung habe ich schon in Bezug auf unsere Pferde viel gesagt. Tatsächlich ist der Unterschied zu den Menschen verschwindend gering. Auch Menschen lieben Anerkennung. Dafür tun und leisten sie viel. Sie brauchen sie wie die Luft zum Atmen und sind glücklich, wenn sie diese bekommen.

Deshalb ist es mir auch sehr wichtig, mein Team sehr stark an meinen reiterlichen Erfolgen teilhaben zu lassen. Mein Erfolg ist unser Erfolg: Ohne meine Mitarbeiter wäre ich nicht da, wo ich heute bin. Mein Bruder Benjamin handhabt das genauso. Und ich weiß auch, dass ich ihnen, indem ich darüber spreche, die Motivation vermittle, es auch weiter »gut zu machen«. Nebenbei bemerkt: Es macht mir Spaß. Es gibt kaum etwas Schöneres für mich, als Menschen und Tieren aus dem Herzen heraus echte, ehrliche Wertschätzung zu schenken. Ohne eine Reaktion oder gar eine Gegenleistung zu erwarten. Die kommt meist ohnehin ganz von allein.

Mein Erfolg ist unser Erfolg: Ohne meine Mitarbeiter wäre ich nicht da, wo ich heute bin.

Den Begriff »Anerkennung *schenken*« verwende ich übrigens aus gutem Grund. Schenken kann ich, wenn ich in einem Bewusstsein von Fülle lebe. Das hat mit materiellem Reichtum gar nichts zu tun. Es geht darum, mich innerlich reich zu fühlen, ein Bewusstsein für die Fülle des Lebens zu erlangen. Dann kann ich Liebe, Freude und Anerkennung weitergeben. Und dann fällt es mir auch leicht.

Das Gegenteil wäre ein Mangelbewusstsein. Wenn ich mich ständig in einer Opferrolle sehe und mich ungerecht behandelt fühle, empfinde ich mich selbst als arm und benachteiligt. In dieser Verfassung ist es schwer, etwas zu geben. Und es ist außerdem schwer, das anzuziehen, was ich im Leben erreichen möchte. Leider ist ein solches Mangelbewusstsein weit verbreitet. Und es ist schwierig, Menschen aus einem solchen Bewusstsein herauszuhelfen. Das weiß ich aus eigener Erfahrung.

»Gib deinen Mitarbeitern alle Informationen, die sie brauchen, und du wirst nicht verhindern können, dass sie Verantwortung übernehmen.« (Prof. Dr. Arnold Weissman) Ich habe das mühsam lernen müssen und bin an diesem Punkt mit dem Lernen noch lange nicht fertig. Früher habe ich versucht, alles selbst zu schaffen, heute weiß ich, dass es nur geht, wenn ich Aufgaben und Verantwortlichkeiten abgebe. Das gilt im Übrigen nicht nur für die direkte Arbeit mit den Pferden, sondern auch für den Bereich der Verwaltung. Bis vor Kurzem habe ich fast alles selbst organisiert. Jetzt nimmt mir eine Kraft im Office sehr viel ab, und das fühlt sich unglaublich gut an. Endlich kann ich mich noch mehr auf das konzentrieren, was ich zum einen gern tue, zum anderen am besten kann: Pferde ausbilden.

Früher habe ich damit »ganz unten« begonnen, also bei den dreijährigen Pferden. Mit Ferdinand habe ich zum Beispiel angefangen, als er gerade erst dreijährig angeritten war. Heute legen darauf spezialisierte, sehr gute BereiterInnen diesen Grundstock. Ich übernehme die Pferde in der Regel, wenn sie zwischen sechs und acht Jahre alt sind. Im Schnitt bin ich für das tägliche Reiten und dem damit verbundenen Management von etwa sieben Pferden verantwortlich. Bin ich im Urlaub oder mehr als vier Tage auf einem Turnier, teile ich die Pferde auf unsere drei Bereiter und meinen Bruder auf (vorausgesetzt, er ist nicht mit mir unterwegs), und bei kurzer Abwesenheit werden die Pferde zwei, drei Tage longiert oder spazieren geführt, gehen im Aquatrainer oder werden im Gelände ausgeritten. Das geht auch sehr gut, und es stärkt nicht nur das Selbstbewusstsein der Pfleger, sondern fördert auch die Bindung zwischen ihnen und den Pferden. Meine Aufgabe ist in solchen Fällen, die richtigen Paarungen herzustellen und zu spüren, wer gut zusammenpasst.

Führung heißt aber auch: Ich forme mit meiner Persönlichkeit das Umfeld, das sich um mich herum entwickelt. So wie ich bin, so strahle ich aus, und damit ziehe ich auch die entsprechenden Menschen in mein Leben. Oder anders und bildlich gesprochen: Ich empfange auf der gleichen Frequenz, auf der ich aussende. Das spüre ich mehr und mehr in meinem Umfeld.

Auch ich habe mal schlechte Zeiten, bin innerlich unzufrieden und nicht gut drauf. Dann kann ich mich selbst nicht leiden. Vor Kurzem war ein solcher Tag, und doch habe ich eine witzige Erfahrung dabei gemacht: Ich bin morgens in den Stall gegangen und habe zu den ersten Leuten, denen ich begegnete, gesagt: »Sprecht mich besser nicht an, ich bin nicht gut drauf heute. Weiß nicht, warum, lasst mich besser einfach in Ruhe.« Bei der dritten Person, zu der ich das gesagt habe, musste ich schon so über mich selbst lachen, dass der Spuk fast vorbei war. Das war eine interessante Erfahrung: Die offene Kommunikation war für mich das beste Mittel, um aus der miesen Stimmung herauszukommen, einfach indem ich mich von mir selbst distanziert habe und letztlich über mich selbst lachen konnte. Mittags saß ich dann schon wieder am Esstisch und habe gesagt: »Der Tag hat so übel angefangen, und jetzt geht es mir schon wieder gut!«

Offenheit scheint mir ein wichtiges Mittel für die Führungsrolle im Team zu sein. Aber auch die durfte ich erst lernen, auch mit Hilfe von außen.

Ich bin mir sicher, dass es für mich die richtige Selbsttherapie war, offen darüber zu sprechen und über mich zu lachen.

Offenheit scheint mir ein wichtiges Mittel für die Führungsrolle im Team zu sein. Aber auch die durfte ich erst lernen, auch mit Hilfe von außen.

Als Kind war ich – auch wenn man sich das heute vielleicht nicht vorstellen kann – wahnsinnig schüchtern. Ich wollte nicht bei Freundinnen übernachten, sondern immer viel lieber bei meiner Mutter sein. Ein Referat vor der Klasse zu halten, war der Horror für mich. Und meine Schüchternheit Jungen gegenüber hat mich lange Zeit richtig belastet. Irgendwann mit vierzehn oder fünfzehn Jahren ist es mir gelungen, die Schüchternheit mehr und mehr abzulegen. Das war eine große Erleichterung für mich.

Unterstützung von allen Seiten

Meine Eltern haben die Entscheidung, mich auf die Pferde zu konzentrieren, voll unterstützt. Für das Sportstudio wurde ein guter Geschäftsführer gefunden, Aubenhausen wurde in der Form weiter ausgebaut, wie wir es heute kennen – und ich ging meinen Weg. Und was ganz wichtig war: Mein Bruder entschloss sich wenig später, den Pferdeweg mit mir zu gehen. Er arbeitete damals noch Teilzeit in dem Immobilienunternehmen unseres Vaters. Dass wir den Weg seither gemeinsam verfolgen, war das Beste, was mir passieren konnte. Wir sind ein kongeniales Double, ergänzen uns perfekt und haben schon recht bald die Aufgaben in Aubenhausen so verteilt, dass die Leitung im »Doppelpack« großartig funktioniert. Benjamin kümmert sich neben dem Reiten und Ausbilden der Pferde um unsere Kunden und den Verkauf, ich bin verantwortlich für das Personalmanagement.

Wir beide führen Aubenhausen inzwischen komplett selbstständig. Unsere Eltern haben uns sehr früh die Verantwortung übergeben. Das Gut steht wirtschaftlich heute auf einer sehr guten Basis. Aber diesen Erfolg haben wir uns nicht aus dem Ärmel geschüttelt. Zum Glück sind wir beide Menschen mit einem guten Verständnis für Zahlen, sodass es uns recht leichtfiel, zu lernen, die Zahlen unter Kontrolle zu halten.

Mir ist vollkommen klar, dass ein solches Verhältnis unter Geschwistern nicht selbstverständlich ist. Mein Bruder ist eher ein Kopfmensch, der Ruhepol, und das brauche ich hin und wieder. Ich bin sehr verspielt, eher ein Bauchmensch. Meine Verspieltheit, meine kindliche Freude an dem, was ich mit den Pferden tue, ist und bleibt ein wichtiger Faktor. Aber die seriöse und strategisch geplante Arbeit gehört eben auch dazu. Und sie ist Benjamins große Stärke. Er ist sehr bedacht in allem, was er unternimmt. Die Kombination tut uns beiden gut, und wir spüren, dass wir aufeinander »abfärben«. Wir wissen einfach, dass wir höchstens halb so gut wären ohne den jeweils anderen. Dass wir Anfang 2020 gemeinsam das Dressur-Weltcup-Ranking anführten und erstmals gleichzeitig unter den Top Ten der Welt gelistet waren, war uns eine Riesenfreude und spornt uns an, unseren Weg mit den Pferden so weiterzugehen.

Es versteht sich von selbst, dass wir auch gelegentlich – eher selten und tendenziell sogar immer noch seltener – streiten. Wir sind ständig zusammen und arbeiten so eng miteinander, da bleiben Meinungsverschiedenheiten und Gereiztheiten nicht aus. Das Lustige ist nur: Sobald wir auf dem nächsten Pferd sitzen, ist das meist wieder vorbei, denn dann wollen wir, dass der eine beim anderen hinschaut, kommentiert und korrigiert. Ist der Wechsel weit genug durch? Wie piaffiert mein

Pferd? Wer soll mir das denn sonst sagen, wenn nicht mein großer Bruder?

Mein Mann Max, der übrigens aus einer Reiterfamilie stammt, hat von Anfang an gewusst, dass er nicht nur mich heiratet, sondern eine ganze Familie mit dazu. Er ist nicht nur mein Ehemann, den ich unendlich liebe, und der Vater unseres Sohnes, sondern auch mein bester Freund, eine wichtige Säule in meinem Leben. Er ist sehr sensibel, und ich kann mit ihm über absolut alles sprechen. Mit seiner Feinfühligkeit spürt er jede Unsicherheit bei mir, und es gelingt ihm immer wieder, mir Mut zu machen und mich zu stärken. Er ist ein unglaublich reflektierter Mensch, der auch auf mich als Persönlichkeit und meine Entwicklung einen großen, sehr positiven Einfluss hat. Wir leben nun seit fast elf Jahren in einer tollen Partnerschaft.

Manchmal denke ich, es kann gar nicht sein, dass er jetzt auch noch die Energie hat, sich so viel mit meinen Themen zu beschäftigen, denn er leitet das familieneigene Unternehmen für Immobilienentwicklung, und das ist ein sehr fordernder Job.

Den Reitsport hat er aufgegeben, weil er in der Leitung des Unternehmens »Quest« eine ganz neue Passion gefunden hat. Aber wir reiten gern zusammen aus, und unser Schimmel Dauphin BB (Spitzname Flipper) verführt ihn manchmal zu ein paar Runden auf unserer Rennbahn.

Ich bin ungeheuer dankbar für all das, was wir uns gemeinsam als Familie in Aubenhausen aufgebaut haben, dass ich mich als Mensch, Reiterin und Unternehmerin so entfalten konnte und dass mich das, was ich tue, heute so glücklich macht.

Körperliche und mentale Fitness

»Be as fit as you expect your horse to be!« Das war mein Thema bei meinem Vortrag am Global Dressage Forum 2016 in Hagen. Ja, es geht um uns beide! Um Pferd und Reiter. Denn mal ganz ehrlich: Wie kann ich von meinem Pferd verlangen, dass es sich wie ein Gummiball bewegt, wenn ich selbst keiner bin?

Ich hatte vor einigen Jahren dazu ein einschneidendes Erlebnis mit einem sehr bewegungsstarken Pferd. Zaire hatte so viel Schwung, dass ich sie im Trab nicht wirklich aussitzen konnte. Meine Bauchmuskeln machten das einfach nicht mit. Ich dachte mir: »Also entweder reite ich Zaires Trab jetzt kleiner, damit ich sie sitzen kann, oder ich muss ständig zum Schritt parieren, um mich zu erholen. Oder ich tue verdammt noch mal was für meine Fitness!«

Mich ärgerte diese Situation. Denn ich kann mich doch nicht als Profisportlerin bezeichnen, wenn ich nicht in der Lage bin, ein richtig schwungvolles Pferd ausbalanciert zu sitzen!

Damals wurde mir klar: Ich muss etwas ändern! Ich wollte und sollte also unbedingt etwas für meine Fitness und Beweglichkeit tun, wenn ich ähnlich unangenehme Erlebnisse in Zukunft vermeiden wollte. Mir ist es schließlich wichtig, jedes Pferd optimal sitzen zu können. Erst wenn mir das gelingt, kann das Pferd sein Bewegungspotenzial unter mir voll ausschöpfen. Und erst dann kann ich optimal mit dem Pferd – und nicht störend dagegen – arbeiten und es fördern.

Ein weiterer Grund, auf die körperliche Fitness besonders zu achten, ist für mich, dass ich den Reitsport auf höchstem Niveau so lange wie möglich gesund ausüben möchte. Reiten ist ein Sport, den man lange aktiv praktizieren kann. Um nur ein Beispiel zu nennen: Josef Neckermann hat seine aktive Karriere als

Dressurreiter mit neunundsechzig Jahren beendet. Ich glaube nicht, dass ich den Leistungssport ewig betreiben möchte, aber mich lange gesund und fit halten, das möchte ich unbedingt.

Nur gutes Training bringt gute Ergebnisse

Die Erfahrung hat mir gezeigt, dass es nicht darum geht, jeden Tag eine Stunde Sport zusätzlich einzubauen. Es geht vielmehr um Regelmäßigkeit und darum, das »Richtige« zu trainieren.

Aber was ist das Richtige? In erster Linie sind ein stabiler Rumpf, Beweglichkeit und eine gute Grundlagenausdauer notwendig, um als Reiter ein gutes Körpergefühl und Fitnessniveau zu erreichen. Und sie sind wichtig, um gerade und symmetrisch auf dem Pferd zu sitzen. Auch die korrigierende Arbeit an eventuellen Seitenunterschieden ist für mich ein wichtiger Aspekt von Reiterfitness.

Ich habe vor Kurzem mit der dänischen Weltklassereiterin Catherine Dufour über dieses Thema gesprochen. Sie ist bekannt dafür, dass sie ein sehr hartes Fitnesstraining absolviert – viel härter, als ich es für mich persönlich sinnvoll fände. Ihre Begründung war spannend: Beim Fitnesstraining hat sie einen ähnlich hohen Puls wie während der Prüfung im Viereck; da geht der Puls ja wegen der Aufregung hoch. Bei einem so hohen Puls den Körper immer unter Kontrolle zu haben, vermittelt ihr ein Gefühl der Sicherheit. Ein anderer Ansatz, als ich ihn verfolge – aber für sie offenbar der richtige.

Und ein letzter Punkt noch zur Begründung, warum ich finde, dass ein gutes Fitnessprogramm für uns Reiter wichtig ist: Das Dressurreiten ist in den letzten Jahrzehnten insgesamt athletischer geworden. Die Gangarten der Pferde sind großrahmiger und schwungvoller geworden, das Bewegungspotenzial der

Pferde, die im Leistungssport gehen, hat sich gesteigert. Man legt heute in der Zucht Wert auf »mehr Blut«, was dazu führt, dass die Pferde athletischer, sensibler, spritziger und temperamentvoller werden. Ihr Bewegungsdrang ist stärker, und dadurch steigen auch die Ansprüche an uns Reiter.

Aus diesen Überlegungen heraus haben wir gemeinsam mit unserem Personal Coach Marcel Andrä ein Fitnessprogramm entwickelt. Zunächst war es nur für uns gedacht, aber nachdem ich auch einige Male öffentlich zu dem Thema gesprochen hatte, kam der Gedanke auf, dieses Programm auch anderen ReiterInnen zur Verfügung zu stellen. So ist unser Online-Fitnessprogramm DressurFit entstanden, das sich mittlerweile großer Beliebtheit erfreut.

Das wichtigste Körperteil des Reiters

Das wichtigste Körperteil des Reiters ist der Bauch, genau genommen der Rumpf. Das gilt übrigens sowohl im wörtlichen wie im übertragenen Sinne, schließlich sprechen wir nicht ohne Grund von unserem »Bauchgefühl«.

Die Bauchmuskulatur in der Mitte des Körpers ist das Gegenstück zur – ebenfalls sehr wichtigen – Rückenmuskulatur. Wenn beide Muskelgruppen gut trainiert sind, können sie den gesamten Stütz- und Bewegungsapparat entlasten und uns vor Rückenproblemen schützen. Schon deshalb ist ein gutes Bauchmuskeltraining für mich immer auch ein gesundes, ausgewogenes Krafttraining für den ganzen Körper.

Bei praktisch jeder Aktion im Sattel ist der Rumpf des Reiters beteiligt. Die Rumpfmuskulatur stabilisiert Wirbelsäule und Becken, erzeugt Energie und überträgt sie vom Körpermittelpunkt zu den Armen und Beinen. Reiter, die ihre Rumpfkraft, -stabilität und -beweglichkeit trainieren, tun also sehr viel für ihre sportliche Leistungsfähigkeit und Beweglich-

Unser Ziel ist ein ausbalanciertes Pferd, das sich im Gleichgewicht in den Lektionen bewegt. Damit das gelingt, braucht das Pferd einen ausbalancierten Reiter. So einfach ist das. Und so schwierig.

keit, für Koordination, Gleichgewicht und technische Fähigkeiten. Sie können aktiv auf die Bewegungen des Pferdes reagieren und entwickeln eine »aktive Stabilität«. Damit beugen sie auch Verletzungen vor und entlasten das Pferd, wenn sie gut ausbalanciert im Sattel sitzen. Denn darum geht es uns in der Ausbildung der Pferde: Unser Ziel ist ein ausbalanciertes Pferd, das sich im Gleichgewicht in den Lektionen bewegt. Damit das gelingt, braucht das Pferd einen ausbalancierten Reiter. So einfach ist das. Und so schwierig.

Je besser ich im Laufe der Zeit meinen eigenen Körper kennengelernt habe, desto leichter fiel es mir, auch Trainingspläne für meine Pferde zu gestalten. Wenn ich an mir selbst spüre, wie es sich anfühlt, an meine Grenzen zu gehen, und wie lange ich brauche, mich körperlich zu erholen, kann ich mich viel besser in mein Pferd hineinversetzen. Wie fühlt es sich an, wenn ein Pferd untertrainiert oder auch übertrainiert ist? Wann braucht mein Pferd eine Trainingspause? Und wie lange?

Yoga, Atmung und Reiten

Mein Pferd spürt, wie ich atme. Pferde, die sehr eng mit mir verbunden sind, wenn ich viel Zeit mit ihnen verbringe, merken ganz genau, ob ich die Luft anhalte, ob ich ruhig oder hektisch atme, flach oder tief. Tatsächlich kann ich mit meinem Atem den des Pferdes beeinflussen, er synchronisiert sich. Mein Pferd spürt auch, ob ich konzentriert und bei mir bin oder ob ich mich verliere. Denn dann geht auch allzu leicht der Kontakt zwischen uns verloren.

Ich kann diesen Effekt, auch ohne zu reiten, im Gespräch mit einer anderen Person ausprobieren: Wenn ich in einem Gespräch sehr aufmerksam zuhöre und mein Gegenüber anschaue, ist die Verbindung da. Wenn ich nun unvermittelt wegschaue, zum Beispiel auf eine Uhr oder zur Tür, bricht der Kontakt sofort ab. Die andere Person wird versuchen, meinem Blick zu folgen, sie wird aufhören zu sprechen oder sich verhaspeln. Die Irritation kann so groß sein, dass unser Gespräch abbricht.

Tatsächlich kann ich mit meinem Atem den des Pferdes beeinflussen, er synchronisiert sich.

Etwas Ähnliches geschieht zwischen Pferd und Reiter, wenn ich als Reiter nicht ganz bei mir bin. Mir persönlich helfen Meditation und Yoga sehr, um mich mit einer Atmung zu verbinden.

Da meine Mutter Yogalehrerin ist und sich intensiv mit verschiedenen Formen von Energiearbeit beschäftigt, ist sie für mich auch in diesen Dingen eine große Inspiration. Sie hilft nicht nur mir, mein inneres Gleichgewicht zu stärken, auch hat sie eine Technik erlernt, um die Pferde dabei energetisch zu unterstützen.

Sie ist mittlerweile auch ein wichtiger und fester Bestandteil meiner Rituale bei der Prüfungsvorbereitung an großen Turnieren.

Meine Mutter ist ohnehin ein Mensch, den ich am liebsten immer in meiner Nähe habe. Sie ist auch meine Freundin und eine große Stütze für mich. Sie kümmert sich rührend um Moritz, der seine Omi Mitschi abgöttisch liebt. Und das alles tut sie, ohne dabei ihr eigenes Leben aufzugeben. Sie unterrichtete bis zu unserem Umzug nach Aubenhausen Wirtschaftsenglisch. Aubenhausen hat sie mit Liebe und Leidenschaft vom ersten Tag an gemeinsam mitentwickelt. Sie ist auch selbst bis zur schweren Klasse geritten, um den Sport besser zu verstehen, Erfahrungen zu sammeln und die richtigen Entscheidungen zu treffen. Schon immer hat sie die Verbindung von Reiten und Yoga fasziniert. Heute gibt meine Mutter Yoga-Workshops für Reiter, unterrichtet Yoga und verantwortet diesen Bereich in unserem Quest-Sportzentrum.

Respekt für alle Lebewesen

Ich habe jeden Tag mit Tieren zu tun, und ich liebe Tiere, seit ich ein kleines Mädchen war.

Für mich gehen der Spitzensport und die Liebe zum Pferd Hand in Hand. Wir beweisen in Aubenhausen jeden Tag aufs Neue, dass diese Verbindung möglich ist. Unseren Pferden geht es richtig gut, ihr Wohlergehen steht über allem, auf sämtlichen Ebenen. Und wir zeigen das auf öffentlichen Veranstaltungen und über unsere Social-Media-Kanäle, weil wir andere mit unserer Begeisterung und Überzeugung anstecken wollen. Jedes Mal, wenn mir jemand nach unserem regelmäßigen Tag der offenen Tür »Aubenhausen LIVE« sagt: »So wie ihr machen wir das jetzt auch‹, freue ich mich sehr. Wir nehmen die Verantwortung, als gutes Beispiel voranzugehen, sehr ernst.

Diese Verantwortung fühle ich schon seit meiner Kindheit. Damals kamen bei uns zu Hause noch wie selbstverständlich Fleisch und Wurst auf den Tisch. Und natürlich war mir nicht bewusst, worum es sich dabei handelte. Ich mochte Fleisch, und wenn wir zum Einkaufen gingen, stand ich immer mit vorne an der Theke und nahm fröhlich mein Scheibchen Wurst von der Verkäuferin entgegen. Irgendwann, da war ich wohl erst vier Jahre alt, habe ich meine Mutter ahnungslos gefragt – die Scheibe Wurst locker in der Hand –, was »das hier« eigentlich sei. Ich bin meiner Mutter heute noch ungeheuer dankbar für ihre ehrliche Antwort. »Das ist ein Stück vom Schwein«, sagte sie. Als ich mir das bildhaft vorstellte, war Schluss. Mir wurde regelrecht übel, und von dem Moment an war klar, dass ich so etwas nie wieder essen würde. Ich legte die Scheibe Wurst zurück auf den Teller und habe tatsächlich ab diesem Zeitpunkt nie wieder Fleisch gegessen.

Mein Bruder zog wenige Jahre später nach, und meine Mutter hat uns in dieser Hinsicht nie bedrängt. Im Gegenteil, sie hatte selbst zwei Jahre zuvor aufgehört, Fleisch zu essen, und sie hat mich in meiner Entscheidung unterstützt, aber nie dazu gedrängt.

So gehöre ich zu der wachsenden Zahl von Leistungssportlerinnen und Leistungssportlern, die sich vegetarisch oder vegan ernähren. Das geht quer durch alle Sportarten, vom Fußball bis zur Leichtathletik, vom Tennis bis zum Motorsport. Selbst bei den Schwerathleten und Kampfsportlern ist dieser Trend mittlerweile angekommen. Und dass das kein »neumodischer Kram« ist, sieht man am Beispiel der finnischen Läuferlegende Paavo Nurmi, der vor genau hundert Jahren seine erste olympische Goldmedaille gewann. Nurmi galt damals als Exot, weil er sich fleischlos ernährte – heute gibt es zahlreiche wissenschaftliche Studien, die ihm recht geben. Und unsere Leistungsfähigkeit stellen wir nicht nur jeden Tag im Training unter Beweis, sondern auch bei jedem Wettkampf.

Du bist, was du isst

Aber die körperliche Leistungsfähigkeit ist nur ein Nebenaspekt. Eigentlich geht es mir um etwas anderes. Um es ganz klar auf den Punkt zu bringen: Ich halte das Leid und die Qualen, die so vielen Tieren für die Produktion von Fleisch zugefügt werden, nicht aus. Dass Tiere so leiden müssen für den Überkonsum von Fleisch, empfinde ich als unerträglich. Ich kann es nicht hinnehmen, wie die meisten Rinder und Schweine gehalten werden. Ich ertrage auch den Gedanken nicht, dass man den Kühen zuerst die Kälbchen wegreißt und ihnen dann noch die Milch wegnimmt, die eigentlich für ihre »Babys« gedacht ist.

Mit TSF Dalera BB 2018

Aubenhausen ist für mich wie eine eigene kleine Welt.
Mit Rennbahn und großen Außenplätzen …

… den Reithallen

... und weitläufigen Koppeln mit Alpenpanorama

Unee in seiner Paddockbox

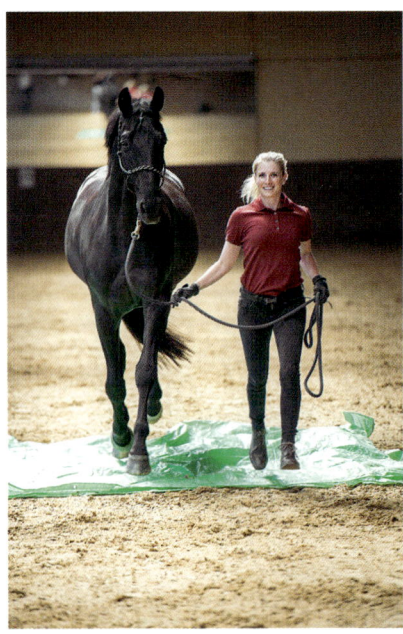

Training mit Marrakesch 2020

Bodenarbeit mit Sir Max 2019

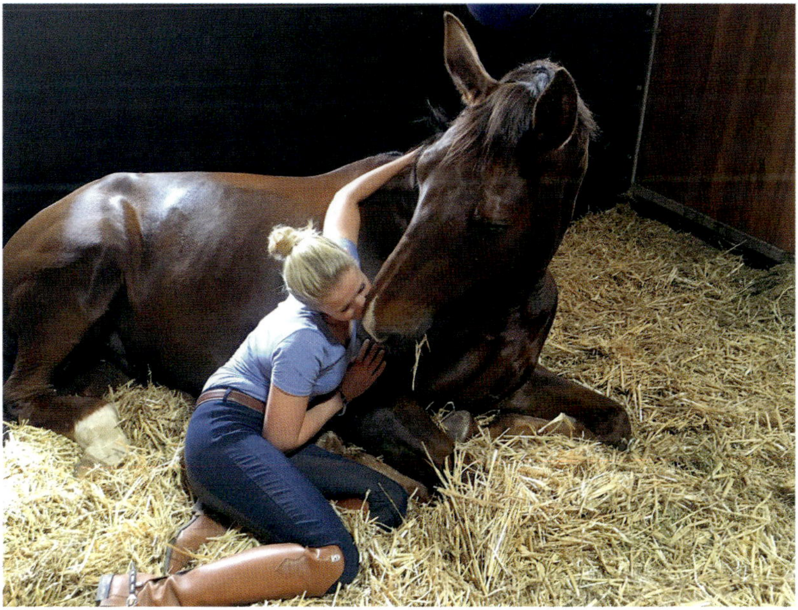

Kuscheleinheiten mit Dante's Peak 2016

Küsschen für Renommée 2008

Erster Weltcup-Sieg mit
Unee in Göteborg 2014

Spaß bei »Aubenhausen
LIVE« 2019

Abwechslungsreiches Trainingsprogramm ohne Sattel für Unee 2018

Unee in Szene gesetzt für ein Fotoshooting 2018

Teamwork: gemeinsames Training mit Benjamin auf Daily Mirror und mir auf Sir Max

Lob für Dalera beim Training 2020

Demonstration mit Unee ohne Sattel bei »Aubenhausen LIVE«

Spaß im Training mit
Franz Joseph 2020

Kuscheln mit Zaire und Stillkissen

Grand Prix Spécial in Frankfurt 2017 – Sieg mit Zaire

Zaire in der Galopp-Pirouette beim Grand Prix Spécial in Frankfurt

Training mit Zaire in
Aubenhausen 2018

Bronze mit Unee beim Weltcup-Finale in Paris 2018

Mannschafts-Gold bei der WM 2018 mit Dalera

Im Starken Trab zu Bronze beim Weltcup-Finale in Las Vegas 2015 mit Unee

Unee war zu hengstig-verliebt in Isabell Werths Weihegold – eine spontane Ehrenrunde also ohne Pferd beim Weltcup-Finale in Paris 2018

Küsschen von Dalera 2017

Stuttgart 2019 – der erste
Weltcup-Sieg mit Dalera

Tanz zur ersten Einzelmedaille mit Dalera bei der Europameisterschaft 2019 in Rotterdam

Stolz auf unsere beiden Medaillen bei der Europameisterschaft in Rotterdam

Ganz im Hier und Jetzt – Deutsche Meisterschaft mit Unee 2016

Ich bin die Letzte, die anderen vorschreiben will, ob sie Fleisch essen oder nicht. Das muss jeder selbst für sich entscheiden. Trotzdem wundere ich mich, wie wenig wir Menschen darüber nachdenken, was wir tun, wenn wir Fleisch essen und Milch trinken. Ich glaube, wenn jeder das Tier, das er isst, mit seinen eigenen Händen umbringen müsste, würde es sehr viel mehr Vegetarier und Veganer geben. Die Gedankenlosigkeit der Menschen macht die quälende Massentierhaltung erst möglich, die nur einen Zweck hat: eine möglichst billige Produktion von möglichst viel Fleisch und Milchprodukten.

Dass Tiere so leiden müssen für den Überkonsum von Fleisch, empfinde ich als unerträglich.

Für Eier gilt das nicht minder. Ich mache mich trotz aller Freundlichkeit, mit der ich an das Thema herangehe, sicher nicht beliebt, wenn ich in einer Gaststätte oder einem Hotel danach frage, welches die erste Zahl ist, die auf den Eiern gedruckt war (beim Kochen verschwindet der Aufdruck ja). Es geht mir darum, die Menschen für die Haltungsbedingungen der Hühner zu sensibilisieren, denn diese Bedingungen sind aus der ersten Zahl nach der Landeskennzeichnung ersichtlich. Es ist ganz einfach: DE steht beispielsweise für die Herkunft in Deutschland, o steht für Bio, 1 für Freilandhaltung, 2 für Bodenhaltung, 3 für Käfighaltung. Eier mit dem Aufdruck 2 oder 3 akzeptiere ich schon lange nicht mehr, und ich wünsche mir wirklich, dass in Hotels und Gaststätten mehr darauf geachtet wird. Die ersten Male, als ich danach gefragt habe, war das meinem Mann noch unangenehm. Inzwischen findet er es auch richtig und wartet schon darauf, dass ich frage.

Wir sprechen hier nicht nur von schlimmen Bedingungen in der Tierhaltung. Genauso beklagenswert sind die quälenden Transporte quer durch Europa und darüber hinaus und die alles Leben verachtenden Verhältnisse auf vielen Schlachthöfen.

Wer es sehen will, hat es hundert Mal im Fernsehen sehen können: Die Lkws mit den Tieren, die tagelang ohne Wasser herumgefahren werden, die Schiffe mit den brüllenden Rindern, die totgetrampelten Lämmer, die geschredderten Küken und die ohne Betäubung kastrierten Ferkel. Und Menschen, die immer mehr verrohen, wenn sie mit all dem ihren Lebensunterhalt verdienen müssen. Wir sehen es, doch es verändert sich nichts oder zu wenig. Für mich ist das nur schwer zu ertragen, schließlich arbeite ich jeden Tag mit Tieren und sehe sie als meine Freunde.

Ich möchte den hilflosen, gequälten Tieren eine Stimme geben. Ich möchte mich mit so vielen Menschen wie möglich zusammentun, denn ich weiß, wir alle, jeder Einzelne von uns, haben Einfluss.

Ja, es gibt artgerechte Tierhaltung. Es gibt die bäuerlichen Landwirtschaftsbetriebe, in denen die Tiere gut behandelt werden, in denen Kühe und Kälber zusammenleben dürfen – zum Glück! Gleich bei uns um die Ecke ist so ein Bauernhof: Die Tiere dürfen auf die Wiese, die Hühner laufen frei herum, und auch die Kälbchen dürfen anfangs noch bei ihrer Mutter bleiben. Ich freue mich über alle landwirtschaftlichen Betriebe, in denen die Tiere gut behandelt werden.

Doch diese Betriebe könnten den Überkonsum von Fleisch bei Weitem nicht decken.

Ich möchte den hilflosen, gequälten Tieren eine Stimme geben. Ich möchte mich mit so vielen Menschen wie möglich zusammentun, denn ich weiß, wir alle, jeder Einzelne von uns, haben Einfluss. Jeder von uns kann hier und heute entscheiden, etwas zu unternehmen. Jeder ist selbst verantwortlich für das, was auf seinem Teller ist. Also kann auch jeder etwas tun.

Zu Hause anfangen

Für mich heißt das in meiner täglichen Arbeit: Ich möchte mit glücklichen Pferden arbeiten. Und ich setze alles daran, dass es ihnen gut geht und dass sie glücklich sind. Dafür die optimalen Bedingungen zu schaffen, daran arbeiten wir hier täglich. Erfolg auf Kosten des Glücklichseins meiner Pferde kommt für mich nicht infrage. Zumal sich beides wunderbar vereinen lässt.

Manchmal sage ich, nur halb im Scherz: Ich will nicht nur Reiterin sein, sondern, zumindest auf diesem Gebiet, auch eine Vorreiterin.

Aber auch das ist leichter gesagt als getan. Denn wann geht es meinem Pferd gut? Und woran kann ich erkennen, ob es glücklich ist? Ich sage: Ein Pferd ist glücklich, wenn es ein schönes Pferdeleben führen kann. Und nein, das heißt für mich nicht, die Pferde in Ruhe zu lassen und in einer möglichst großen Herde auf die Weide zu stellen, ohne intensiven Kontakt zu Menschen.

> Erfolg auf Kosten des Glücklichseins meiner Pferde kommt für mich nicht infrage. Zumal sich beides wunderbar vereinen lässt.

Grundsätzliche Kritiker und Gegner des Reitsports sagen: »Ein glückliches Pferd ist kein Reitpferd.« Und umgekehrt: »Ein Reitpferd oder Sportpferd kann kein glückliches Pferd sein.« Ich bin da anderer Meinung, und zwar aus einem ganz bestimmten Grund: Die Pferde haben mir gezeigt, dass sie anders darüber denken. Sie lieben den engen Kontakt zum Menschen, sie lieben die Anerkennung und Wertschätzung, die sie von uns Menschen bekommen. In dieser Hinsicht ähneln sie den Hunden, und das ist kein Wunder, denn auch das Pferd lebt schon seit Tausenden von Jahren in einer engen Verbindung zum Menschen.

Neuere Studien von Forschern aus Italien bestätigen meine Erfahrungen. Sie haben die enge Verbindung zwischen Mensch und Pferd erforscht und die feinen körpersprachlichen Zeichen der Zuneigung, die Pferde uns schenken, untersucht. Mit »Zuneigung« ist gemeint: Das Pferd hat eine positive Einstellung nicht nur zu Menschen allgemein, sondern zu einem bestimmten, einzelnen Menschen. Es vertraut ihm und assoziiert angenehme Gefühle mit ihm. All das kann ich an der Körpersprache des Tieres erkennen. Ich muss nur aufmerksam hinschauen und hinspüren.

Hinschauen und hinspüren dürfen wir übrigens auch, um festzustellen, ob ein bestimmtes Pferd und ein bestimmter Mensch zusammenpassen. Es gibt Paarungen, die sind geradezu ideal, bis hin zu so etwas wie »Liebe auf den ersten Blick«. Da passt einfach alles. Es gibt aber auch Paarungen, die passen überhaupt nicht. Dass Mensch und Pferd einfach nicht miteinander können, das kommt durchaus vor.

Ich »kann« mit sehr verschiedenen Pferdetypen, ja vielleicht ist es auch eine meiner Gaben, mich sehr schnell auf verschiedene Pferdetypen einzustellen. Die Individualität von Pferden macht einen großen Teil ihrer Faszination für mich aus. Im konkreten alltäglichen Umgang mit ihnen besteht die Herausforderung für mich dann darin, den richtigen Zugang zu dem jeweiligen Pferd zu finden und es mit meiner Aufmerksamkeit und Hingabe für mich zu gewinnen.

Wer länger mit Pferden arbeitet, weiß, dass sie sich auch nach Monaten und Jahren noch an »ihre Menschen« und deren Stimme erinnern. Sie gehen auf Menschen, die sie kennen, vertrauensvoll zu, und sie erkennen, ob jemand »Pferdeverstand« hat oder nicht: Die meisten Pferde sind in der Gegenwart von Reitern entspannter als in der Nähe von Menschen, die sonst nichts mit Pferden zu tun haben und ihre Körpersprache nicht kennen oder verstehen.

Wenn ein Pferd gern in meiner Nähe ist, weiß ich, alles ist gut.

»Nähe« ist in diesem Zusammenhang der entscheidende Begriff. Wenn ein Pferd gern in meiner Nähe ist, weiß ich, alles ist gut. Deshalb schmusen wir auch so viel mit unseren Pferden.

Und wir erleben immer wieder, dass Pferde, die neu zu uns kommen und sich ein wenig eingelebt haben, zu richtigen »Schmusepferden« werden. Darüber freue ich mich sehr, denn das ist eine positive Rückmeldung, die mir sagt, dass wir (und damit meine ich mein Team und mich) mit diesem Pferd auf dem richtigen Weg sind.

Die Nähe zu Menschen, die es gut mit ihnen meinen, ist Pferden also ähnlich wichtig wie Hunden. Hunde macht man ja auch nicht glücklich, wenn man sie mit vielen anderen Hunden in ein Gehege sperrt und ihnen jeglichen Kontakt zu Menschen verwehrt.

Wahrscheinlich ist die Offenstallhaltung in Kombination mit der Verbindung zum Menschen im Großen und Ganzen und aus Pferdeaugen gesehen die schönste Haltungsform. Aber es ist nicht überall möglich, Pferde in Herden zu halten. Vor allem mit den Hengsten wäre das in den meisten Fällen viel zu gefährlich. Letztlich müssen wir gerade bei den Sportpferden Arbeit und Freizeit trennen. Unsere Zuchtstuten leben in einer Herde, aber sie gehen eben auch nicht mehr im Sport.

Und dann ist noch zu bedenken, dass Pferde, die ja Fluchttiere sind, vor allem dann mit Kontakt entspannt umgehen (das gilt für den Kontakt zum Menschen ebenso wie für den zu anderen Pferden), wenn sie selbst über Nähe und Distanz entscheiden können. Bei uns stehen auch mal zwei oder drei Sportpferde gemeinsam auf der Weide, aber das ist nicht »jederpferds« Sache. Zaire beispielsweise kann es überhaupt nicht leiden, wenn sie ihre Koppel mit einem anderen Pferd teilen muss. Lediglich unsere Mini-Shetlandponys Resi und Rosi werden geduldet.

Auf die Weide sollte aber jedes Sportpferd, davon bin ich absolut überzeugt. Am besten ganzjährig und täglich, sofern es die Bodenverhältnisse irgendwie zulassen. Seit vielen Jahren ermögliche ich meinen vierbeinigen Sportpartnern den täglichen Auslauf auf der Weide und habe durchweg positive Erfahrungen damit gemacht. Sie sind gesünder, ausgeglichener und – davon bin ich überzeugt – sehr viel glücklicher.

Neben dem täglichen Weidegang sollten die Pferde grundsätzlich sehr viel Bewegung und Abwechslung haben. In der Natur sind sie auch ständig in Bewegung. Bei uns kommen die Pferde täglich etwa vier Mal am Tag raus. Das ist sicherlich nicht überall realisierbar, aber zumindest sollten die Pferde, wie ich finde, neben der Arbeit (damit meine ich beispielsweise Reiten, Longieren, Bodenarbeit oder Spaziergänge) die Möglichkeit haben, so lange und oft auf der Weide oder auf dem Paddock zu sein wie möglich. Auch eine Führmaschine, ein Laufband oder ein Aquatrainer können helfen, den Pferden genug Bewegung und Abwechslung zu ermöglichen. Wichtig finde ich auch, die Pferde auf unterschiedlichen Böden zu trainieren – das schult nicht nur ihr eigenes Körpergefühl und ihren Gleichgewichtssinn, es unterstützt auch ihre Sehnen, Bänder und Knochen im Wachstum.

Wohlfühlen, Anerkennung, ein angenehmes und sicheres Umfeld und eine artgerechte Haltung sind für mich die Basis für gute Leistungen im Sport. Also letztlich genau dieselben Bedingungen, die auch wir Menschen brauchen, um gute Leistungen zu bringen.

Und auch dies gehört für mich zu guten Haltungsbedingungen: Die Boxen müssen unbedingt gut durchlüftet und hell sein. Dunkle, stickige Ställe machen depressiv und krank. Das ginge uns ja ganz genauso. Wohlfühlen, Anerkennung, ein angenehmes und sicheres Umfeld und eine artgerechte Haltung sind für mich die Basis für gute Leistungen im Sport. Also letztlich genau dieselben Bedingungen, die auch wir Menschen brauchen, damit es uns gut geht.

MUTIG SEIN
UND ALLES FÜR
MÖGLICH HALTEN

Seit der wunderschöne Hengst Unee BB (der Namenszusatz BB steht für seine Besitzerin Beatrice Bürchler-Keller) in Aubenhausen eingezogen ist, hat sich viel verändert. Mit ihm bin ich in die Weltspitze des Dressursports aufgestiegen, wir haben wunderbare Erfolge gefeiert, die ich einige Jahre zuvor nicht für möglich gehalten hätte.

Heute genießt Unee seinen Ruhestand bei uns. Und ich gehe meinen Weg weiter mit seinen Nachfolgerinnen Dalera BB und Zaire und mit noch vielen weiteren wunderbaren Pferden.

Unee –
Die Kraft der Freundschaft

Ich weiß es noch wie heute: Ich saß Ende 2011 bei Holger Fischer in Balingen und sprach mit ihm darüber, wie es mit mir und dem Dressursport weitergehen sollte. Und er sagte zu mir: »Du brauchst jetzt ein Pferd, das schon weiter ist als du und dir etwas beibringen kann. Du hast so oft bei null angefangen und alle Hoffnungen in ein junges Pferd gesetzt. Und dann hat es am Ende doch nicht gereicht.« Er hatte recht, das spürte ich.

Und noch während wir miteinander sprachen, fiel mir – warum auch immer – Unee ein.

Unee, ein wunderschöner schwarzbrauner Hengst, der 2001 geboren wurde, war zwar noch nicht im Grand Prix vorgestellt worden, besaß aber die Reife dafür. Er hatte schon einige Erfolge bis Intermediare II und war im Finale des Nürnberger-Burg-Pokals mit seiner Ausbilderin Jasmine Sanche-Burger ganz vorn mit dabei. Ich hatte ihn selbst noch nicht live gesehen, kannte ihn nur von Fotos und aus Videos, doch was ich gesehen hatte, reichte aus, um mich für ihn zu begeistern.

Warum sollte mir damals, ausgerechnet in meiner chronisch erfolglosen Zeit, jemand ein Pferd zur Verfügung stellen? Also, jetzt mal realistisch betrachtet …

Aber war das denn nicht alles noch eine Nummer zu groß für mich? Würde ich dieses Pferd wirklich in mein Leben holen können?

Als ich meiner Familie erklärte, ich würde seine Besitzerin Beatrice Bürchler-Keller fragen, ob sie sich vorstellen könnte, mir Unee anzuvertrauen, wurde ich von meinem Vater und meinem Bruder milde belächelt. Ganz unrecht hatten die beiden damit nicht. Warum sollte mir damals, ausgerechnet in meiner chronisch erfolglosen Zeit, jemand ein Pferd zur Verfügung stellen? Also, jetzt mal realistisch betrachtet ... Noch dazu eine Schweizerin? Eine hoch angesehene 5*-Richterin, die sogar schon zwei Mal bei Olympischen Spielen gerichtet hatte?

Unee war zu dieser Zeit schon nicht mehr bei seiner damaligen Reiterin Jasmine, sondern bei Beatrice zu Hause in der Schweiz.

Er ging mir nicht mehr aus dem Kopf. Was hatte ich denn schon zu verlieren? Mehr als ein Nein von Beatrice konnte mir schließlich nicht passieren. Und wir standen zu dieser Zeit in einem positiven Kontakt mit Beatrice, denn sie hatte den damals neunjährigen Lancôme 2009 von uns gekauft, ein Pferd, das wir zweijährig erworben und in Aubenhausen bis zum Grand Prix ausgebildet hatten.

Ich habe nichts zu verlieren, also versuche ich es, auch wenn es abwegig erscheint, dachte ich mir. Und so habe ich all meinen Mut zusammengenommen und Kontakt zu Beatrice aufgenommen. Ein Ja kam nicht sofort, aber eben auch kein Nein. Das war schon mal ein positives, Hoffnung weckendes Signal. Wenige Wochen später lud sie mich ein, Unee bei ihr in der Schweiz zu besuchen und zwei Tage zu reiten. Es war so aufregend!

Das Kennenlernen

Bei meiner Ankunft, es war der 6. Januar 2012, gab mir Unee recht deutlich zu verstehen, dass er nicht besonders an mir interessiert war. Das hatte ich mir natürlich anders vorgestellt. Der erste Ritt war so lala, er hat alles ganz nett mitgemacht, aber sonderlich motiviert war er nicht. Vielleicht vermisste er noch seine frühere Reiterin Jasmine, das konnte natürlich gut sein.

Wenn es auf den bekannten Wegen nicht geht, muss ich wohl einen eigenen finden und meinem Gefühl folgen. Also habe ich mir für den zweiten Tag eine Strategie zurechtgelegt, um mich ein wenig interessant für ihn zu machen und ihn zu überraschen. Sie bestand darin, dass ich ihn erst mal ausgiebig und allein putzte, ihn bespaßte und anschließend ohne Sattel ritt. Das war ziemlich mutig, einen elfjährigen Hengst, den ich nicht kannte, einfach so ohne Sattel zu reiten … Nun ja.

Objektiv betrachtet, muss ich im Rückblick sagen: Was wir in diesen zwei Tagen zustande brachten, war reiterlich nicht gerade eine Meisterleistung. Aber irgendetwas in mir sagte, dass ich es unbedingt mit diesem Pferd probieren wollte. Unee hatte es mir irgendwie angetan, und ich habe mir so sehr gewünscht, mit ihm arbeiten zu dürfen und Zeit mit ihm zu verbringen. Und dieses Gefühl wurde, je länger wir uns kannten, immer stärker.

Beatrice brauchte noch etwas Bedenkzeit. Doch als sie mir zwei Wochen später am Telefon verriet, dass er am 2. Februar zu mir kommen würde, bin ich fast ausgeflippt vor Freude!

Freunde werden

Unee ist für mich das beste Beispiel, wie ich ein Pferd als Freund gewinnen kann. Freundschaft mit einem Pferd: So klischeehaft das klingt, so wichtig finde ich es. Mit dem Reitsport habe ich eine außergewöhnliche Sportart gewählt, bei der ein Tier mein (Trainings-)Partner ist. Ein Pferd ist kein »Sportgerät« wie ein Tennisschläger oder ein Rennrad. Ein Tennisschläger leidet nicht, wenn er während der trainingsfreien Zeit in der Ecke steht. Für ein Pferd bin ich an dreihundertfünfundsechzig Tagen im Jahr verantwortlich. Wie beim Tennisdoppel oder im Paar-Eiskunstlauf bin ich absolut nichts ohne meinen Partner

Eine gute Partnerschaft basiert auf Vertrauen und Freundschaft. Aber wie schaffe ich es, dass mir ein Pferd vertraut? Wie kann ich es als Freund gewinnen?

Pferd. Daher möchte ich unseren vierbeinigen Sportpartnern auch respektvoll und freundschaftlich gegenübertreten.

Ich liebe diesen Sport auch gerade deshalb so sehr, weil ich es immer wieder spannend finde, mich in die unterschiedlichen Charaktere der Pferde einzufühlen, sie kennen und schätzen zu lernen. Jedes Pferd ist anders, vollkommen einzigartig. Eine gute Partnerschaft basiert auf Vertrauen und Freundschaft. Aber wie schaffe ich es, dass mir ein Pferd vertraut? Wie kann ich es als Freund gewinnen?

Erst mal beschnuppern

Wenn ich ein neues Pferd in Beritt bekomme, möchte ich zunächst auf der Gefühlsebene eine Verbindung mit ihm herstellen. Ich möchte die Sprache des Pferdes verstehen lernen, bevor wir eine gemeinsame Art der Kommunikation entwickeln. Doch gerade dieser Teil der »Beziehungsarbeit« nimmt viel Zeit in Anspruch, und diese Zeit hat für mich nichts mit dem Reiten selbst zu tun.

Dafür zählt ganz besonders das »Drumherum«, die Art und Weise, wie ich mich vom Boden aus mit meinem Pferd beschäftige.

Wie wichtig das ist, habe ich von Unee gelernt. Als er 2012 im Alter von bereits elf Jahren zu mir kam, war das eine komplett neue Erfahrung für mich. Bis dahin hatte ich immer nur junge Pferde gehabt, mit denen ich gemeinsam den Ausbildungsweg gegangen bin. Unee konnte schon alles, aber er hatte es etwas anders gelernt als die Pferde, die ich bislang ausgebildet hatte. So war es erst einmal meine Aufgabe, zu verstehen, *wie* er es gelernt hatte, ehe wir eine gemeinsame Sprache entwickeln konnten.

Ich wollte, dass er mich mag und neugierig auf mich wird. Auf mich und auf alles, was wir zusammen erleben können.

Denn als er zu mir kam, war er nicht besonders motiviert zum Arbeiten. Ein Athlet war er jedenfalls nicht, und besonders fleißig war er auch nicht. Er war eher gemütlich unterwegs, wohlgenährt und ein bisschen unsicher. Ich dachte mir, wenn wir Freunde werden und er neugierig auf mich wird, kann das vielleicht auch ein Schlüssel sein, um ihm »Lust auf Arbeit« zu machen.

Daher habe ich jeden Tag ein bisschen anders gestaltet, damit unsere gemeinsame Arbeit spannend bleibt. Das sollte ihm Spaß machen, aber ich wollte auf diese Weise auch herausfinden, was ihm mehr oder weniger Spaß macht. Ich wollte so gern, dass er »aufwacht«. Mit keinem Pferd hatte ich mir solche Mühe gegeben, interessant zu werden und zu bleiben. Und tatsächlich, er fand das neue Leben bei uns reizvoll, und da dieses neue Leben so eng mit mir verbunden war, fand er mich bald auch beachtenswert. Das war der Schlüssel zu seinem Herzen. Von da an war er auch bereit, mehr und mehr für mich zu geben und sich für mich anzustrengen.

Zum Beispiel fand er es von Anfang an superspannend, mit mir in den Wald zu gehen. Die Arbeit in der Halle oder am Reitplatz hat ihn dagegen eher gelangweilt. Deshalb habe ich dann einfach beim Ausreiten angefangen, ein paar Übungen wie die Piaffe oder Passage mit einzubauen. Das alles hat ihm im Wald viel mehr Spaß gemacht. Und so konnten wir spielerisch an den Lektionen arbeiten, ohne dass ihm wirklich bewusst war, dass wir »gearbeitet« haben.

Wenn die Halle frei war, habe ich ihn immer mal wieder frei-

> Daher habe ich jeden Tag ein bisschen anders gestaltet, damit unsere gemeinsame Arbeit spannend bleibt. Das sollte ihm Spaß machen, aber ich wollte auf diese Weise auch herausfinden, was ihm mehr oder weniger Spaß macht. Ich wollte so gern, dass er »aufwacht«.

gelassen und stellte schnell fest, dass er unheimlich viel Spaß daran hat, »Zeitung zu lesen«, sprich zu riechen, wer an diesem Tag schon in der Halle gewesen war – typisch Hengst. Er markiert dann sein Revier, wälzt sich, und wenn er genug hat (nach etwa 30 Minuten), steht er an der Tür und möchte wieder in seine Box. Wir handhaben das heute noch genauso – es ist quasi Unees Abendritual. Auch reite ich ihn immer wieder ohne Sattel, um ihm näher zu sein und ihn besser spüren zu können, das liebt er bis heute.

Eine starke Bindung entwickeln

Das ist aber nur ein Beispiel, wie wir herausfinden können, was einem Pferd Spaß machen kann, um die gemeinsame Bindung zu stärken. Jedes Pferd ist anders, und ich habe die Erfahrung gemacht, dass uns die Pferde sehr schnell zeigen, was ihnen gefällt – wenn wir ihnen zuhören und uns in sie einfühlen.

Grundsätzlich beginnt Bindung für mich vom Boden aus. Bodenarbeit, Longieren, Putzen, Spazierengehen, einfach das Pferd beobachten … Bei all diesen gemeinsamen Aktivitäten lerne ich das Pferd immer besser kennen, das Pferd lernt mich immer besser kennen, und wir tun etwas zusammen, was uns beiden Spaß macht. Natürlich ist diese Vorgehensweise sehr zeitintensiv, aber die Zeit, die wir so zusammen verbringen, ist etwas ganz Besonderes. Und Stück für Stück, ganz allmählich und oft unmerklich, wachsen Bindung und Vertrauen.

An dieser Stelle möchte ich aber unbedingt betonen, dass eine gute Freundschaft auch auf gegenseitigem Respekt beruht. Dass die Pferde uns gernhaben sollen, ist klar, aber das heißt nicht, dass sie alles machen dürfen, was sie wollen. Gerade bei jungen Pferden und bei Hengsten müssen wir unheimlich aufpassen, dass sie auch Respekt vor uns Menschen behalten und ihre Grenzen kennen. Sonst kann das gefährlich werden. Auch in einer Freundschaft gibt es Grenzen.

Pferde müssen es beispielsweise lernen, problemlos am Handzügel zu gehen und den führenden Menschen nicht zu überrennen. Und wir dürfen nicht zulassen, dass sie ihrem Drang nachgeben, zu anderen Pferden zu laufen, um ihr Revier zu verteidigen, solange jemand auf ihrem Rücken sitzt oder an der Hand führt. Sonst hat der Reiter schlechte Karten.

Bei der Bodenarbeit ist es grundsätzlich so, dass jeder – also sowohl Mensch als auch Pferd – seinen Bereich hat, wie beim Tanzen. In diesen Bereich des Menschen soll das Pferd nicht kommen. Das lässt sich gezielt und ganz konsequent üben.

Dabei habe ich es mir zum Grundsatz gemacht, Freundlichkeit zum Pferd nicht mit Gutmütigkeit zu verwechseln. Ich sage auch nicht zu allem Ja. Manchmal muss es eben ein Nein sein. Das kann durchaus im freundlichen Ton geschehen. Aber ich sorge im Umgang mit meinen Pferden konsequent dafür, dass sie meine Freundlichkeit nicht für Schwäche halten.

Ein Pferd zu Höchstleistungen motivieren

Unee war wohl mein bisher bester und strengster Lehrer. Als er 2012 zu mir nach Aubenhausen kam, wurde ein großer Traum wahr. Aber Unee hatte, wie gesagt, keine große Lust zum Arbeiten. Ich musste mir also etwas einfallen lassen, um ihn zu motivieren. Ich habe ihn jeden Tag aufs Neue überrascht. Wir haben natürlich auch Technik trainiert, aber darauf legten wir nicht zu sehr unser Augenmerk. Kraft- und Konditionstraining, viel Ausreiten – das war zunächst mein Erfolgs- und Spaßrezept für ihn. Wir haben uns beispielsweise immer mal wieder zwei Wochen lang ausschließlich mit Konditionstraining befasst, sind auf der Rennbahn galoppiert, viel bergauf geritten, um die Hinterhand zu kräftigen, solche Dinge. Das war am Anfang auch wirklich nötig. Und wäre es nicht so nötig gewesen, wie hätte ich jemals lernen sollen, ein Pferd richtig zu motivieren? In dieser Hinsicht war Unee ein großes Lerngeschenk, das ich sehr zu schätzen weiß.

Eine weitere Motivation für ihn waren die Turniere, auf die wir gemeinsam fuhren. Er genoss es einfach, im Rampenlicht zu stehen, und am liebsten mochte er es, auch noch zu gewinnen. Ihm muss irgendwie klar gewesen sein, je mehr er sich anstrengt, desto häufiger wird er dieses gute Gefühl erleben. Und natürlich die Anerkennung, das Lob, die Bestätigung, die damit verbunden sind. Schlau, wie er war, hatte er ganz schnell begriffen, ob er sich platziert hatte (dann gibt es auf internationalen Turnieren »nur« eine Ehrenrunde), ob er unter die ersten drei gekommen war (dann stehen wir mit den anderen beiden zur Siegerehrung in der Mitte des Prüfungsvierecks) oder ob er gewonnen hat (dann werden wir noch mal besonders geehrt, und da stand er am ruhigsten und am stolzesten). Ich war ziemlich beeindruckt, dass ihm das so klar war.

Es lief einfach für uns, auch wenn wir im Weltcup nicht so oft gewonnen haben, waren wir meist vorne mit dabei. Je mehr Mühe er sich gab, desto spannender und größer wurden die Turnierplätze, desto mehr Wertschätzung bekam er von allen Seiten.

Gut gefiel ihm wohl auch, dass er mich bei unseren Turnierreisen ganz für sich allein hatte. Wenn wir zu größeren Turnieren fuhren, musste er mich ja nicht mit anderen Pferden teilen. Alle Aufmerksamkeit, alles Schmusen und sehr viel Zeit – all das gehörte ihm. Die meisten Pferde lieben das, aber bei ihm war es besonders deutlich zu spüren. Und so wuchs mit jeder Reise die Bindung zwischen uns noch ein bisschen mehr.

Aber nicht nur für die Motivationsarbeit war Unee ein großer Lehrmeister für mich. Von ihm habe ich auch gelernt, wirklich im Hier und Jetzt zu bleiben. So sehr im Hier und Jetzt, dass ich beim Reiten und im gesamten Zusammensein mit ihm wirklich spüren konnte, was er gerade braucht. Denn seine Bedürfnisse waren jeden Tag ein bisschen anders.

Von außen war am Anfang sicher nicht zu erkennen, dass wir gemeinsam bis in die Weltelite vordringen würden. Aber ich habe immer mein Bestes gegeben und vielleicht sogar ein bisschen mehr in uns hineininterpretiert, als möglich war. Denn wie heißt es so schön bei Hermann Hesse: »Man muss das Unmögliche versuchen, um das Mögliche zu erreichen.« Ich glaube, diese Einstellung hat mir zu dieser Zeit sehr viel geholfen.

Ich habe Unee immer das Gefühl vermittelt, dass er für mich der Größte ist, etwas ganz Besonderes. Und zwar aus voller Überzeugung und mit allem Enthusiasmus, zu dem ich fähig war. Und eins stand fest: Er war zu dem Zeitpunkt das beste Pferd, das ich je hatte.

Es stimmt schon, oft genug musste ich improvisieren, und manches Mal stand gar das Motto »Fake it until you make it« im Raum. Aber all das hat dazu geführt, dass er alles für mich gab.

Ein Erlebnis mit Unee beim Weltcup-Finale in Paris 2018 beschreibt die Beziehung zwischen uns perfekt. Es war unser letzter ganz großer Erfolg. Vorher hatte ich mir keine allzu großen Chancen ausgerechnet, das Starterfeld war extrem stark, sicherlich das stärkste der letzten vier Jahre bei einem Weltcup-Finale. Aber ich ging auch nicht zaghaft an die Sache heran, eher so nach dem Motto: Schauen wir mal, was geht. Für einen Sieg würde es nicht reichen, ich war Realistin genug, um das richtig einzuschätzen.

Ein bisschen Glück gehört aber auch dazu. Ich wäre wohl mit einer Platzierung unter den ersten fünf schon super zufrieden und glücklich gewesen. Vielleicht war das die beste

Es stimmt schon, oft genug musste ich improvisieren, und manches Mal stand gar das Motto »Fake it until you make it« im Raum. Aber all das hat dazu geführt, dass er alles für mich gab.

Einstellung überhaupt. Aber die kommt nicht auf Bestellung, sie ist in dem Moment da oder eben nicht.

Beim offiziellen Training mit Jonny Hilberath nach unserer Ankunft ging Unee nicht besonders gut. Jonny riet mir, ihn an diesem Tag noch einmal zu reiten, und bot mir an, am Abend noch eine gemeinsame Trainingseinheit einzubauen. Dann konnte Jonny aber doch nicht dabei sein, er hatte noch ein Meeting mit den Offiziellen. Also ging ich mit Unee allein zum Training in ein Abreitezelt, wo um diese Zeit auch noch einige Springreiter trainierten.

Aus einem Impuls heraus habe ich dann an diesem Abend überhaupt nicht mehr ernsthaft mit Unee gearbeitet. Ich merkte gleich zu Anfang, er ist immer noch irgendwie grantig und verspannt, an Leistung war gerade nicht zu denken. Also bin ich in den Leichten Sitz gegangen, und wir haben die ganze Zeit nur herumgeblödelt. Wir hatten einfach Spaß. Das war offenbar genau das, was er gebraucht hatte. Er war richtig albern, hat gebockt, und als ich ihn losließ, löste sich scheinbar auch bei ihm die ganze Verspannung.

Das Ergebnis am nächsten Tag war der beste Grand Prix unserer Karriere. Wir wurden Dritte mit einem neuen Bestergebnis und hatten damit sehr gute Chancen für die Kür. Und auch da blieb ich entspannt, ich machte noch Scherze beim Abreiten, und während der Kür war ich locker und lustig drauf. In der Rückschau sage ich heute: Diese Verspieltheit, diese Haltung, in der sich hohe Konzentration mit Loslassen paarten, hat uns den Erfolg gebracht. Wir kamen wieder auf Platz drei, und das war der krönende Abschluss der sechs wunderbaren Turnierjahre, die Unee mir geschenkt hat.

Damit wären wir bei der dritten wichtigen Lektion, die Unee für mich bereithielt. Bei ihm ging es nicht um die perfekte Vorbereitung, unsere Hausaufgaben hatten wir ja schon gemacht. Es ging darum, im richtigen Moment das Richtige zu tun. Wer schon einmal bei Wellenreitern an einem Strand mit hohen Wellen zugesehen hat, zum Beispiel an der Atlantikküste, der kann sich vielleicht vorstellen, was ich meine. Da geht es auch um Bruchteile von Sekunden. In einem winzigen Augenblick ist alles passend. Dann muss der Surfer das Richtige tun, um auf der Welle dahinzugleiten. Diesen winzigen perfekten Augenblick muss er genau erwischen. Und das geht nur mit Gefühl und Intuition. Wenn es gelingt, sieht es ganz leicht aus, so als könnte es gar nicht anders sein. So war es auch bei Unee – auch wenn sich das nicht immer leicht anfühlte.

Unee steht für mich auch für Mut. Er war ja mein erstes Weltcup-Pferd, und es gehörte schon ein gewisser Mut dazu, mit ihm zu Weltcup-Turnieren zu fahren und uns mit der starken Konkurrenz dort zu messen. Unee jedoch hat sich mit mir zusammen solchen schwierigen Situationen gestellt. Let's do it schien sein Motto zu sein. Einmal im Monat sind wir im Schnitt in den Wintermonaten zu einem Weltcup-Turnier gereist, um im »Geschehen« zu bleiben und gesehen zu werden. Gemeinsam hatten wir den Mut dazu. Und so ausgerüstet haben wir uns »da oben« etabliert und sind »drangeblieben«.

Rückblickend muss ich manchmal darüber schmunzeln, was ich mir da alles zugetraut habe. Doch fast siebzig Grand-Prix-Platzierungen unter den Top drei sprechen letzten Endes eine deutliche Sprache.

Dazu gibt es noch eine lustige Geschichte: Beatrice hat mich in der ersten Weltcup-Saison immer etwa eine Woche vor dem Turnier angerufen und gefragt, ob ich mir mal das Starterfeld angesehen hätte und ob ich mir sicher sei, dass ich dorthin fahren möchte. Besonders bestärkend und aufmunternd war das nicht, aber ich glaube, mein Mut hat ihr etwas Sorge bereitet. Einige Jahre später gestand mir Jonny, dass er ihre Sorgen durchaus geteilt hat – aber er hat es mich nie spüren lassen, und dafür bin ich ihm bis heute dankbar.

Rückblickend muss ich manchmal darüber schmunzeln, was ich mir da alles zugetraut habe. Doch fast siebzig Grand-Prix-Platzierungen unter den Top drei sprechen letzten Endes eine deutliche Sprache. Das Weltcup-Finale 2015 in Las Vegas, wo wir bei beiden Prüfungen das bestplatzierte deutsche Paar waren, ist bis heute eine ganz besondere Erinnerung für mich.

Nichts ist ewig –
Unees Abschied vom Turniersport

Nach dem großen Erfolg in Paris haben wir gemeinsam mit Beatrice entschieden, Unee Ende des Jahres 2018 in den Ruhestand zu verabschieden. Bei bester Gesundheit, auf dem Höhepunkt seiner sportlichen Karriere. Es war eine sehr emotionale Entscheidung, voller Dankbarkeit, aber auch voller Wehmut und Traurigkeit, denn diese Zeit mit Unee war etwas ganz Besonderes für uns alle.

Im Rahmen des Festhallenturniers in Frankfurt kurz vor Weihnachten haben wir ihn in einer bewegenden Zeremonie verabschiedet. Wir zeigten Bilder aus seinem Leben, der Moderator Arnaud Petit erzählte von wichtigen Lebensetappen, überall funkelten Lichter auf, dramatische Musik und Lichteffekte – und dann wurde es ganz still in der großen Halle. Und wir beide durften noch einmal zur Klaviermusik unseres Freundes Dr. Semih Ersoy eine kurze Kür reiten. Danach kamen Beatrice und Anna in die Arena. Wir legten ihm gemeinsam symbolisch die Decke auf … und dann hatte ich plötzlich ein Mikrofon in der Hand und sollte etwas sagen. Was sollte ich denn in so einem Moment sagen, außer Danke?

»Danke, Unee, für die tollen Jahre«, fing ich an zu sprechen, und jeder in der Halle merkte, wie meine Stimme vor Emotion zitterte. »Danke, Beatrice, für dein Vertrauen. Und danke, dass Unee bis zu seinem letzten Tag bei mir bleiben darf.« Beatrice und ich haben uns fest umarmt, sie schon mit dem großen Blumenstrauß, den ich ihr überreicht hatte, in der einen Hand. Und dann haben wir Unee mit einem großen Korb voller Äpfel überrascht. »Und davon gibt's jetzt jeden Tag eine ganze Menge«, verkündete Arnaud Petit.

Auch heute noch bin ich jedes Mal zu Tränen gerührt, wenn ich mir die Verabschiedung auf YouTube ansehe und an die wunderbare Zeit mit Unee zurückdenke.

Unee genießt seither sein Rentnerleben sehr, und ich bin Beatrice so unendlich dankbar, dass sie mir diesen wundervollen Hengst anvertraut hat. Er ist und bleibt etwas ganz Besonderes für mich. Unee ist immer noch topfit, wird drei bis vier Mal pro Woche von Julia und immer wieder auch von mir geritten, geht wöchentlich zum Freispringen und in den Aquatrainer und erfreut sich jeden Tag des Lebens auf seiner Koppel. Ich habe mit ihm seit seiner Verabschiedung noch zwei Shows geritten und zeige ihn auch immer wieder gern bei unserem Event Aubenhausen LIVE. Das ist für die Besucher und auch für uns immer wieder ein besonderer Moment. Für mich, weil so viele Erinnerungen aufsteigen. Für die Besucher, weil sie Unees gemeinsamen Weg mit mir oft sehr intensiv mitverfolgt haben und sich riesig freuen, ihn so gesund und stolz zu sehen. Und auch für Unee, denn sich zu präsentieren, das genießt er immer noch genauso sehr wie früher. Er steht am Ende auch gern für das eine oder andere Selfie Modell.

Die Kür zur Musik, die ich mit Unee auf den Turnieren zeigte, beginnt mit den Worten von Martin Luther King: »I have a dream ...« In der Schritttour ist dann meine eigene Stimme zu hören: »I have a dream ... that all creatures can respect each other.« Erst vor Kurzem bin ich in einem Interview darauf angesprochen worden, dass ich damit auf Probleme anspiele, die weitaus größer sind als das Prüfungsviereck bei einem Reitturnier. Das ist wahr. Ich wollte darauf hinweisen, dass wir verpflichtet sind, alle Lebewesen, nicht nur die Menschen, auf dieser Erde mit Respekt zu behandeln. Ich denke, diese Botschaft ist relativ wenig zur Kenntnis genommen worden, aber ich weiß, dass ich mich in diesem Bereich mehr und mehr engagieren möchte.

Unee habe ich immer respektiert, und er hat es mir gedankt. Mir gegenüber hat er nie Grenzen überschritten. Dabei kann er durchaus eigen sein und lässt sich von anderen Pferden nicht auf der Nase herumtanzen. Außerdem ist er in manchen Dingen regelrecht pingelig: Er teilt seine große Box in einen Bereich ein, in dem er frisst, trinkt und schläft, und in einen anderen, in dem er seine Geschäfte verrichtet.

Ich wollte darauf hinweisen, dass wir verpflichtet sind, alle Lebewesen, nicht nur die Menschen, auf dieser Erde mit Respekt zu behandeln.

Bei Turnieren hat er sich gelegentlich kleine »Gemeinheiten« ausgedacht. Ich erinnere mich noch, beim Turnier in Göteborg klappten beim Abreiten aus heiterem Himmel die Zweierwechsel nicht mehr. Er sprang nur noch Einerwechsel, und hätte ich nicht genau gewusst, dass er die Zweierwechsel ganz wunderbar beherrschte, dann wäre ich sicher gewesen, er hätte sie nie so ganz richtig gelernt. Oder vergessen. Jonny riet mir, es anzunehmen, wie es ist, und mich auf die Dinge zu konzentrieren, die gelangen. Aber ich wollte mich auf keinen Fall damit abfinden. Während der Prüfung kam mir dann eine Idee. Ich erinnerte mich daran, dass es immer schon gut gewesen war, Unee zu überraschen. Also überraschte ich ihn mit den Zweierwechseln sofort, als wir aus der Ecke auf die Diagonale abwendeten, da hatte er sie nicht erwartet. Und siehe da, vor lauter Überraschung sprang er sie, als wäre nichts gewesen. Er hat schon seinen eigenen Kopf, unser »König von Aubenhausen«.

Aber auf mich passt er immer auf. Ich kann auch ohne Sattel mit ihm springen und auf ihm herumalbern, ohne dass ich mir

Sorgen machen muss. Und Moritz habe ich ihm gleich nach der Geburt vorgestellt. Ihn liebt er ganz besonders und lässt ihn auch auf seinem Rücken sitzen. Ich hoffe, dass Moritz ihn noch reiten kann, wenn er etwas größer ist.

Unee lebt jetzt in dem sehr schönen Stall gleich neben unserem Wohnhaus; sein Paddock grenzt an unsere Terrasse.

Mut, Demut, Freude – das sind die großen Lerngeschenke, die mir Unee gemacht hat. Das größte Geschenk ist aber seine Freundschaft.

Zaire –
Durchhalten und Vertrauen

Zaire, die wir hier in Aubenhausen liebevoll »Püppi« nennen, war zuerst Benjamins Pferd. Obwohl diese Aussage irgendwie Unsinn ist, denn sie gehört rein materiell uns beiden. Aber mein Bruder hat sie Anfang ihres fünften Lebensjahres entdeckt, ein Jahr lang geritten und angefangen, sie auszubilden. Das war nicht leicht. Zaire hatte zwar schon immer ein großes Bewegungspotenzial, war aber extrem »spannig«, wie es in der Reitersprache heißt. Sie war nervös und verspannt im Rücken, wurde manchmal regelrecht panisch und konnte neue Erlebnisse nicht wirklich gut einordnen. Kurz gesagt, sie war kein einfaches Pferd. Und das ist noch sehr freundlich formuliert. Ich könnte auch sagen: Sie war eine echte Herausforderung.

Doch irgendwie hatte sie es mir angetan. Es dauerte nicht lange, dann entschieden wir, dass ich von der Körpergröße her besser zu ihr passe als mein Bruder, da sie ein sehr zierliches Pferd ist. Als ich sie übernahm, war sie sechs Jahre alt und ich vierundzwanzig.

Genie und Wahnsinn liegen bekanntlich oft nah beieinander. Das gilt auch für Pferde, für hochbegabte Pferde ganz besonders. Und als Zaire zu uns kam, war sie dem Wahnsinn deutlich näher als dem Genie. Schritt war ein Fremdwort für sie, Entspannung auch. Wenn wir mit ihr zu einem Turnier fuhren, war sie jedes Mal sehr nervös. Entsprechend hatten weder Benjamin noch ich in den ersten drei Jahren Erfolg mit ihr. Weil sie vor lauter Nervosität so verspannt war, konnte sie nie richtig zeigen, was in ihr steckte. Es kostete mich sehr viel Geduld und Zeit, sie auszubilden.

Es war gerade zu Beginn unserer Zeit mit Jonny Hilberath, da sagte er einmal zu mir, als ich Zaire ritt: »Ich weiß echt nicht, was ihr mit diesem Pferd wollt. Die hat keinen Schritt, keinen Trab, keinen Galopp, die ist einfach nur spannig.« Ich blieb stehen und antwortete ihm mit Trotz: »Und du wirst dich noch umschauen!« Benjamin hat mir später verraten, dass Jonny daraufhin zu ihm sagte: »Wenn deine Schwester immer so zickig ist, möchte ich euch lieber nicht trainieren.«

Ich war und bin natürlich nicht zickig, und Jonny ist dann doch geblieben. Aber Zaire blieb auch, geliebt und von mir und mit der Energie einer Löwenmutter verteidigt. Wir brauchten eben unglaublich viel Geduld mit ihr. Andere Pferde lernen zum Beispiel den Fliegenden Wechsel innerhalb einiger Monate oder maximal eines Jahres. Zaire brauchte drei Jahre, bis sie ihn ganz normal springen konnte, und selbst mit acht Jahren saß der Fliegende Wechsel immer noch nicht richtig.

An Turniererfolge war da noch gar nicht zu denken. Ich glaube, ich habe nicht eine einzige Platzierung in einer Jungpferdeprüfung mit ihr erreicht. Von einer Chance darauf, vorne mitzureiten, von großen Zukunftshoffnungen, war definitiv nichts zu sehen. Und je öfter sie sich auf Turnieren so zeigte, desto mehr bekam sie auch von den Richtern das Etikett »spanniges Pferd« aufgeklebt. Aus dieser Schublade wieder herauszukommen, ist nicht leicht. Man kann sich das ein bisschen so vorstellen wie beim Eiskunstlauf. Erst Ende 2019 beim Top-Ten-Finale in Stockholm hatte ich zum ersten Mal wirklich das Gefühl, jetzt haben die Richter anerkannt, dass sie nicht mehr das verrückte Hühnchen ist, als das sie sich all die Jahre präsentiert hatte. Dort haben wir auch zwei Mal persönliche Bestleistung geritten, es war wundervoll.

Nun hätten wir in den Jahren davor sagen können: Wir fahren erst wieder mit ihr zum Turnier, wenn sich diese Nervosität und »Spannigkeit« gelegt haben. Aber ich spürte, bei ihr sollte ich genau das Gegenteil tun. Ich wollte mich mit ihr so oft wie möglich auf Turniere wagen und es ihr dort – egal, was für ein Ergebnis herauskam – so schön und angenehm wie möglich machen. Damit sie irgendwann versteht: Turniere sind etwas Angenehmes. Da geht es mir sogar noch einen Tick besser als zu Hause. Ich konnte nicht warten, bis es zu Hause funktionierte, denn den Umgang mit der Turnier-situation, dieser besonderen Atmo-sphäre, konnte sie ja auf diese Weise unmöglich lernen.

Aber so wenig Zaires Potenzial anfangs von außen sichtbar war: Ich hatte immer das Gefühl und den Glauben daran, dass dieses Potenzial da war. Und das sprach eine Gabe in mir an, die Stärke und Schwäche zugleich ist.

Aber so wenig Zaires Potenzial anfangs von außen sichtbar war: Ich hatte immer das Gefühl und den Glauben daran, dass dieses Potenzial da war. Und das sprach eine Gabe in mir an, die Stärke und Schwäche zu-gleich ist. Ich bin schnell überzeugt, jedes Pferd »hinzubekommen«. Und in vielen Fällen funktioniert das auch, weil die Pferde es spüren, wenn ich fest an sie glaube, und dann oft regelrecht über sich hinauswachsen. So viel zum Thema Stärke. Die Schwäche daran ist, dass ich manchmal zu lange an einem Pferd festhalte und dadurch zeitlich und von meiner Energie her blockiert bin für neue Pferde, die vielleicht größere Chancen hätten.

Zaire war und ist ein Herzenspferd für mich, und ich finde, dass sie es verdient hat, anders gesehen zu werden. Und sie ist ja auch wirklich vom verrückten Huhn zur Grande Dame gereift. Ich arbeite ohnehin gern mit Stuten. Und Zaire ist ein Parade-beispiel dafür, weshalb. Eine Stute, zu der ich einmal eine rich-tig gute Beziehung aufgebaut habe, tut alles für mich. Zaire ist so oft für mich über ihren Schatten gesprungen, hat ihre Angst überwunden. Und wenn sie das geschafft hatte, merkte ich ihr auch an, wie stolz sie war. Auch für mich ist es immer wieder ein unglaubliches Gefühl, ein Gefühl der Dankbarkeit und auch ein bisschen Stolz.

Wie das gelingen konnte? Ich bin immer wieder mit ihr losgefahren und habe mir die x-te Niederlage abgeholt. Ich habe auch unseren Freund und Experten für Gelassenheitstraining Warwick McLean nach Aubenhausen und sogar zu einem Turnier mitgenommen. Er hat mir Übungen gezeigt, wie ich mit Zaire beim Turnier vom Boden aus arbeiten kann, damit sie mehr Vertrauen fasst. Ich habe ihr unterwegs Äpfel und Bananen zugesteckt, ich habe sie massiert und bemuttert, alles, damit sie merkt: Turniere sind etwas Wunderbares, da geht es mir ganz besonders gut, darauf kann ich mich freuen. Aber nicht nur auf das Drumherum – ich kann mich darauf freuen, zu zeigen, was in mir steckt und dass ich etwas ganz Besonderes bin. Ich wollte sie stolz machen. Das ist mir ausgesprochen wichtig bei unserer Arbeit mit den Pferden: sie zu stolzen Persönlichkeiten zu entwickeln.

Es hat noch zwei weitere Jahre gedauert, bis sich die ersten kleinen Erfolge einstellten. Inzwischen wussten wir auch, dass Zaire anders gefüttert werden musste, weil sie Magenprobleme hatte. Das ist nichts Ungewöhnliches bei Pferden, ein Thema, mit dem ich mich seither viel mehr auseinandersetze. Eine tolle Frau (ich nenne sie immer mein »Lexikon«) hat mal zu mir gesagt: »Zuerst einmal müssen wir unseren Pferden alle Hindernisse aus dem Weg räumen, die sie davon abhalten könnten, Leistung zu bringen.« Und das ist beim Pferd unter anderem sehr oft der Magen-Darm-Trakt.

Bei solchen nervösen Charakteren wie Zaire gilt das in besonderer Weise. Mithilfe unserer Futterexpertin Frau Dr. Meyer haben wir uns also darangemacht, einige ihrer körperlichen Themen aus dem Weg zu räumen, die Zaire davon abhielten, ein glückliches und entspanntes Pferd zu sein, das sich in seinem Körper wohlfühlt. Seither achten wir bei all unseren Pferden sehr auf die richtige, individuell angepasste Fütterung.

Andere Hindernisse können beispielsweise der Sattel, die richtige Zäumung, der Hufbeschlag oder die Zähne sein. Zahnarzt und Hufschmied sind schon aus diesem Grund ganz wichtige Partner für uns. Und es gibt körperliche Blockaden bei den Pferden, die nur mithilfe von Osteopathie und Physiotherapie behoben werden können. Unsere Pferde sollen sich auch körperlich wirklich wohlfühlen. Darum bemühen wir uns in jeder Hinsicht mit großem Engagement.

Ein weiterer sehr wichtiger Teil des Lebens ist für Zaire die Koppel – ohne Wenn und Aber. Sie geht täglich auf ihre Weide – ohne Ausnahme. Sie braucht diese Freiheit, das Draußen-Sein, den Wind in der Mähne und das Gras, das sie rupft. Wenn sie nicht gerade zu einem Turnier unterwegs ist, ist sie wirklich jeden Tag draußen, egal ob es regnet oder schneit, ob der Boden gefroren oder total matschig ist. Sie macht sich auch sehr gern dreckig und wälzt sich mit Hingabe auf dem Boden. Das alles trägt sehr zu ihrem Wohlbefinden bei.

Als es uns gelungen war, sie körperlich gut einzustellen und den ersten Stolz auf Erfolge in ihr zu wecken, wurde es viel, viel leichter. Ihre Lernkurve stieg steil an, der Sprung aufs Grand-Prix-Niveau kam letzten Endes erstaunlich schnell, und ich hatte das Gefühl, jetzt schaffen wir es wirklich. Nicht nur, dass wir Grand Prix reiten können, sondern dass sie dort richtig gut werden kann.

Ich hatte wieder eine wichtige Lektion gelernt: Wenn wir wollen, dass die Pferde wirklich alles für uns geben, müssen wir auch alles dafür tun, dass sie glücklich sind und es ihnen gut geht. Wir sollten alles aus dem Weg räumen, was sie daran hindert, mit uns tanzen zu können, auf jedes Detail achten.

Reiten auf höchstem Niveau ist von vielen, vielen Faktoren abhängig. Für mich ist es wie bei einem Mosaik, bei dem ja auch jedes einzelne kleine Teilchen wichtig ist, damit sich ein schönes, stimmiges Bild ergibt. Und jetzt, wo alle Teilchen für Zaire an der richtigen Stelle liegen, kommt auch der Erfolg. Trotzdem höre ich auch heute nie auf, dieses Mosaik mehr und mehr zu vervollständigen und zu verschönern. Immer wieder habe ich neue Erkenntnisse, und auch der wissenschaftliche Fortschritt hilft – sei es durch Magnetfeldtherapie oder Bioresonanzanalyse.

Zehn lange Jahre hat es gedauert, und heute kann ich sagen: Zaire hat Vertrauen gefasst. Jedes Mal, wenn sie über ihren Schatten gesprungen ist, habe ich auch gemerkt, wie stolz sie danach auf sich war und wie sehr sie die Anerkennung genoss, die ich ihr geschenkt habe.

Reiten auf höchstem Niveau ist von vielen, vielen Faktoren abhängig. Es ist wie bei einem Mosaik, bei dem ja auch jedes einzelne kleine Teilchen wichtig ist, damit sich ein schönes, stimmiges Bild ergibt.

Als Zaire vierzehn Jahre alt war, bestärkte mich auch unsere Bundestrainerin Monica Theodorescu darin, dass noch Luft nach oben ist: Jetzt wird sie erst erwachsen, jetzt fängt es an, richtig Spaß zu machen. Heute ist Püppi sechzehn Jahre alt, ein entspanntes, fröhliches Pferd, das es liebt, auf Turniere zu fahren, und dort Leistung auf allerhöchstem Niveau zeigt. Sie frisst und schläft gut auf ihren Reisen, und sie geht entspannt mit der Turnieratmosphäre und den vielen Menschen um. Dass sie mich und ihre Pflegerin ein paar Tage ganz allein für sich hat, gefällt ihr offensichtlich besonders gut. Sie spaziert freudig in den Transporter, wenn wir zu einer Turnierreise aufbrechen. Ja, ich glaube sogar, dass sie ziemlich eifersüchtig ist, wenn sie merkt, dass es losgeht und sie nicht mitdarf. Dann ist sie echt sauer.

Noch Anfang 2017 sind wir zusammen beim Weltcup-Turnier in Amsterdam gestartet. Es war, offen gestanden, eine Katastrophe. Zaire war plötzlich panisch und überhaupt nicht bei sich, als sich Zuschauer auf den Rängen bewegten. Wir landeten auf Platz 10 von 14 Teilnehmern – kein so guter Tag. Anfang 2020, drei Jahre später, waren wir wieder zusammen in Amsterdam. Als wir am ersten Turniertag zur Siegerehrung einritten und ich spürte, wie Zaire unter mir die Bahn entlangtanzte, hat mir wirklich das Herz im Leibe gelacht. Neue Bestleistung mit knapp 78 Prozent am Freitag, 85 Prozent am Samstag in der Kür zur Musik. Das war ein unfassbarer Genuss für mich, zu spüren, wie glücklich sie dabei war.

Zaire hat mich gelehrt, den Glauben niemals aufzugeben.

Als wir am ersten Turniertag zur Siegerehrung einritten und ich spürte, wie Zaire unter mir die Bahn entlangtanzte, hat mir wirklich das Herz im Leibe gelacht.

Dalera –
Leichtigkeit und Wahrhaftigkeit

Dalera ist im Moment mein Turnierpferd Nummer eins. Wir haben in den letzten Monaten gemeinsam wunderbare Erfolge gefeiert. Unsere Weltcup-Kür im Februar 2020 in Neumünster, bei der wir 89,64 Prozent erlangten, war nur der vorläufige Höhepunkt unserer gemeinsamen Zeit, davon bin ich überzeugt.

Dalera kam zu mir, als sie acht Jahre alt war. Beatrice hatte sie siebenjährig erworben und zunächst zu sich in die Schweiz geholt. Dort wurde sie von Beatrice' damaliger Bereiterin weiter gefördert, bis sie ein Jahr später bei uns in Aubenhausen ihre Box bezog. Dass sie außergewöhnlich ist, wusste ich damals schon. Dass sie sich so unfassbar gut entwickeln würde, konnte da noch niemand ahnen.

Daleras Übereifer gefiel mir aber von Beginn an sehr. Ihre Gehfreude und ihr manchmal geradezu freches, energiegeladenes Herumgehüpfe habe ich nie versucht zu unterdrücken. Ich wollte ihr Selbstbewusstsein stärken, sie stolz machen, so wie ich es bei allen Pferden anstrebe.

Kurz bevor Dalera zu mir kam, hatte sie gerade ihre erste M-Dressur gewonnen. Die Fliegenden Wechsel hatte sie also verstanden, allerdings war dabei noch so viel »Dampf im Kessel«, dass ich mich manchmal regelecht »anschnallen« musste, wenn wir den Galoppwechsel übten.

Das Training mit Dalera war schon immer eine riesengroße Freude, ihr Talent für Piaffe und Passage so enorm, wie ich es noch nie zuvor gefühlt hatte.

Als sie neun Jahre alt war, starteten wir erfolgreich in der Kleinen Tour – also in S-Dressuren –, und ein Jahr später, im

Winter 2016/17 schafften wir bereits den Sprung auf Grand-Prix-Niveau für Nachwuchspferde. Allerdings wurde ich in dieser Zeit auch schwanger, und so konnte ich mich im Frühjahr und Sommer 2017 nicht mit ihr auf Turnieren zeigen. Weiter trainiert haben wir trotzdem fleißig. Dalera war sogar das Pferd, das ich während meiner Schwangerschaft am längsten reiten konnte. Nicht nur, weil sie so schön zu sitzen ist, nein, ich hatte auch das Gefühl, dass sie besonders achtsam mit uns umging. Sie hat gespürt, dass etwas Besonderes mit mir los war und dass ich auf ihre Rücksicht angewiesen war.

Senkrechtstarterin

Moritz kam am 14. August 2017 auf die Welt. Genau einen Monat später, am 14. September, starteten wir bei der letzten Qualifikation in der Prüfungsserie für Nachwuchspferde und -reiter »Stars von Morgen« in Donaueschingen, siegten und sicherten uns dadurch noch ein Ticket für das Finale dieser Serie im Oktober, das wir dann prompt auch gewinnen konnten. Ebenfalls im Oktober siegten wir bei der letzten Qualifikation für das Finale zum Louisdor-Preis, das alljährlich im Dezember in Frankfurt ausgetragen wird. Es ist vergleichbar mit der Deutschen Meisterschaft der Nachwuchs-Grand-Prix-Pferde.

Wow, was für ein Wiedereinstieg nach der Babypause! Ich konnte es selbst kaum fassen. Wie war das möglich?

Mein unglaubliches Team in Aubenhausen und natürlich auch meine Familie – alle zusammen haben geholfen. Ohne all die wunderbaren Menschen in meinem Umfeld wäre dieses »Comeback« nicht möglich gewesen. Unsere damalige Bereiterin Julia Karl, die heute noch Unee und andere Pferde von mir mitreitet, hat neben meinem Bruder und unserem Bereiter Raphael die meisten meiner Pferde von mir übernommen, als ich weniger und ganz am Ende meiner Schwangerschaft kaum mehr geritten bin. Sie hat ein besonderes Einfühlungsvermögen, und ich konnte ihr im Training natürlich super »von unten« helfen. Eine völlig neue Erfahrung für mich, die in diesem Zusammenhang gleich doppelt wertvoll war: für Julia, aber auch für mich, denn ich lernte selbst richtig viel dazu, und das hat in dieser Kombination offensichtlich hervorragend funktioniert.

Aber da war noch diese Veränderung in mir: Irgendwie fühlte es sich so an, als sei regelrecht ein Knoten in mir aufgegangen. Als sei ich wie entfesselt. Ich spürte eine so wunderbare Begeisterung und Freude in mir! Dabei spielte sicher meine neue Lebenssituation als junge Mutter eine Rolle, in der ich so unglaublich glücklich war.

Ich war voller Energie, und durch die »Zwangspause« war ich motivierter denn je, wieder auf Turniere zu fahren. Das alles half mir, so gut und befreit durchzustarten. Manchmal sieht man eben erst in der Rückschau, wie gut eine Pause tut.

Das Finale in Frankfurt ist schon eine große Bühne. Die besten Nachwuchspferde Deutschlands messen sich dort, und wenn man auf die Siegerliste der letzten Jahre schaut, findet man dort viele Pferde, die es danach international sehr, sehr weit gebracht haben. Nun hatte ich mich also für dieses Finale 2017 noch qualifiziert, konnte aber ganz schwer meine Chancen einschätzen. Durch meine Schwangerschaft hatte ich mich das ganze Jahr über mit keinem der Konkurrenten messen können. Ich nahm mir nichts vor, hielt aber dennoch alles für möglich und war entschlossen, einfach mein Bestes zu geben. Das war in diesem Fall offenbar gut genug; so gut, dass wir auch dieses große Finale gewinnen konnten. Ich war überwältigt, konnte das alles irgendwie gar nicht richtig begreifen und freute mich so unbeschreiblich, gemeinsam mit Daleras Besitzerin Beatrice, meiner Familie und dem ganzen Team. Das Festhallenturnier in Frankfurt fand kurz vor Weihnachten statt – was für ein Weihnachtsgeschenk und wundervoller Abschluss eines ganz besonderen Jahres!

Der Sieg in Frankfurt war wegweisend für das, was danach kam. Drei Monate später gewannen wir unseren ersten Internationalen Grand Prix und Grand Prix Spezial in Ebreichsdorf (Österreich), holten uns Bronze bei den deutschen Meisterschaften in Balve und wurden für den Nationenpreis in Aachen nominiert. Mit dem Team gewannen wir dort Gold, und ich wurde wenige Wochen später nominiert, gemeinsam mit Isabell Werth, Dorothee Schneider und Sönke Rothenberger die deutschen Farben bei der Weltmeisterschaft in Amerika zu vertreten. Wenn ich diese Zeilen hier schreibe, muss ich selbst tief durchatmen. Eine Wahnsinns-Serie war das, rückblickend eigentlich unfassbar.

Aber auch verrückt, dass ich das als Sportlerin erst mit Abstand so richtig wahrnehme. Als Profisportler (und da spreche ich bestimmt für sehr viele) neigen wir dazu, vergangene Erfolge relativ schnell abzuhaken, weil wir uns immer größere Ziele stecken und verfolgen. Das ist mit Sicherheit auch notwendig, nur so entwickeln wir uns weiter. Und dennoch finde ich es auch wichtig, dankbar zurückzublicken auf den Weg, den ich mit Dalera (und all den anderen Pferden) schon gegangen bin.

Meine erste WM

Meine erste WM fand also im September 2018 in Tryon (North Carolina, USA) statt. Es war so aufregend! Schon die ganze Vorbereitung mit all den Formalitäten für Pferd, Reiter, Besitzer und Familie für die Einreise in die USA war eine kleine Herausforderung. Auch dass Dalera fliegen würde, war spannend, und so plante ich mit Alex, meiner damaligen Pflegerin und Daleras Begleitung nach Amerika, alles bis ins kleinste Detail: das Packen des Sattelschranks, die Mahlzeiten von der Abfahrt in Aubenhausen bis zum Erreichen des amerikanischen Stalls und vieles mehr. Aber die Vorfreude überstrahlte all diese Anstrengungen und prägte die Tage vor der Abreise. Bis heute erinnere ich mich sehr gern daran.

Da Unee bereits 2015 nach Las Vegas zum Weltcup-Finale gereist und auch Zaire mit mir schon zu einem internationalen Turnier nach Doha geflogen war, konnte ich die Abläufe zum Glück sehr gut einschätzen und alles gut für Dalera vorbereiten.

Sie kam nach einer komplikationslosen Reise gut in Amerika an. Die achtundvierzig Stunden Quarantäne waren für mich wahrscheinlich eine größere Herausforderung als für sie, denn sie wurde von unserem Mannschaftstierarzt Dr. Marc Koene und von Isabell Werth umsorgt. Nur diese beiden durften in Schutzanzügen zu den Pferden: pro Nation zwei Personen.

Nachdem die Quarantäne endlich vorbei war, konnte es so richtig losgehen, und Dalera freute sich sichtlich über die viele Bewegung und die ständige Fünf-Sterne-Betreuung durch Alex und mich.

Im Grand Prix sind wir als erstes deutsches Paar an den Start gegangen. Ich war die elfte Starterin, und da nach dem zehnten Paar eine kurze Pause war, konnte ich mir noch den ersten Teilnehmer anschauen, gemeinsam mit meinem Bruder Benjamin. Ein Schauer lief mir über den Rücken. Nicht nur vor Aufregung, obwohl ich natürlich Lampenfieber hatte. Nein, mir wurde in diesem Moment intensiv bewusst, wie viele Reiter jetzt gerne in meiner Haut stecken würden. Einer davon saß gerade neben mir. Und so konnte ich meine Nervosität in positive Bahnen lenken: Meine Vorfreude wurde noch größer, und ich war sehr dankbar.

Beim Abreiten haben Dalera und ich es allerdings noch mal ein bisschen spannend gemacht: Fünf Minuten vor meinem Start löste sich seitlich der Nasenriemen. Große Aufregung bei allen Beteiligten! Was für ein Glück, dass Alex im Stall schwarzes Klebeband finden konnte. Sie ist losgerannt wie verrückt und kam auch blitzschnell zurück – mir auf dem Pferd kam es trotzdem wie eine Ewigkeit vor. Gemeinsam mit Benjamin konnte sie dann den Nasenriemen provisorisch fixieren. Jetzt hieß es: Nerven bewahren und hoffen, dass der Nasenriemen hält. Das war eine echte Feuerprobe zum Thema Vertrauen.

Der Grand Prix lief zum Glück sehr gut für uns, bis dahin die beste Prüfung, die wir gezeigt hatten, keine Fehler. Und die Erleichterung war groß. Nicht nur meine, nein, auch die vom ganzen Team, den Bundestrainern Monica Theodorescu und Jonny Hilberath und allen Beteiligten. Unser Erfolg war schließlich nicht selbstverständlich: Dalera war mit ihren elf Jahren zu diesem Zeitpunkt noch sehr jung für ein Grand-Prix-Pferd. Dies war erst ihr sechster Grand Prix überhaupt. Und dann noch diese Aufregung direkt vor dem Start ...

Meine Teamkollegin Dorothee Schneider und ihr Sammy Davis jr. zeigten an diesem Tag auch eine Superprüfung. Ich war glücklich und auch ein bisschen stolz – wir waren sogar »Leader Overnight«.

Am nächsten Tag machten meine Teamkollegen Isabell und Sönke mit herausragenden Leistungen »den Sack zu«, und wir gewannen WM-Gold in der Mannschaft. Das war ein abgefahrenes Gefühl! Meine erste Goldmedaille bei den Senioren!

Im Grand Prix Special wollte ich noch eine Schippe drauflegen – es ging um die erste Einzelmedaille. Aber irgendwie sollte es noch nicht sein. Wahrscheinlich war bei uns beiden etwas die Luft raus, nachdem die Anspannung vom Grand Prix von uns abgefallen war. Da war es ja nicht »nur« um uns gegangen, sondern um das ganze Team. Jedenfalls hatten wir am zweiten Tag einige teure Fehler, und um ganz vorne mitzumischen, waren wir ehrlich gesagt noch ein bisschen zu grün. Nach der ersten Enttäuschung konnte ich aber schnell wieder lächeln und war sehr dankbar für diese unglaubliche WM-Erfahrung und natürlich sehr, sehr glücklich über unsere Goldmedaille.

Zu einer Kür kam es nicht mehr, denn das Championat musste abgebrochen werden, weil ein Hurrikan von der Küste über das Land fegte. Aber abgesehen von sehr starkem Wind und Regen ist nichts weiter passiert. Wir hatten Glück, und alle Pferde und Reiter kamen sicher und heil wieder nach Hause.

Shit happens – Wechselbad der Gefühle

Bei der Europameisterschaft im August 2019 in Rotterdam waren Dalera und ich in Topform. Die Saison lief bis dahin richtig gut für uns: Wir wurden Deutsche Vizemeister, und beim CHIO Aachen beendeten wir die Kür mit neuem persönlichen Bestergebnis auf Rang drei. Und so traute ich mich, mir erstmals realistische Chancen auf eine Einzelmedaille bei der EM auszurechnen.

Die Anreise war unproblematisch, Dalera war sehr gut gelaunt, fröhlich und hatte so richtig Lust aufs Turnier, das merkte ich ihr deutlich an. Auch ich hatte nicht nur richtig Lust darauf, ich wollte unbedingt zeigen, wie gut wir uns weiterentwickelt hatten. Ich wünschte mir nicht nur für die Mannschaft ein Superergebnis zu liefern, sondern dieses Mal auch in der Einzelwertung.

Wir waren bereits drei Tage vor der ersten Prüfung angereist, damit wir uns alle in Ruhe an die Gegebenheiten vor Ort und an die Atmosphäre gewöhnen konnten. Dalera fühlte sich in den Trainingseinheiten sensationell an. Sie war hochmotiviert, und sie hatte richtig Power. Alles lief gefühlt wie nach Plan, wir beide waren fit und voller Energie.

Schon ein paar Tage vor dem Turnier wusste ich, dass ich (wie schon bei der WM in Tryon) am ersten Tag als erste deutsche Reiterin starten würde – nicht unbedingt mein Lieblingsstartplatz, aber ich hatte ihn innerlich mittlerweile gut akzeptiert.

Beim Abreiten für den Grand Prix, der als Mannschaftswertung galt, lief alles top. Mein Trainer Jonny Hilberath coachte mich ein, wir waren fokussiert, aber nicht verbissen. Dann gab es einen kurzen Regenschauer – es goss wirklich wie aus Kübeln –, aber der ging so schnell vorbei, wie er gekommen war, ohne Dalera und mich besonders zu irritieren. Immer noch alles gut.

Schließlich war es so weit. Der Weg vom Abreiteplatz zum kleinen Vorplatz der Arena war ruhig, aber ich war natürlich etwas nervös. Dalera schien mir nichts anzumerken, sie freute sich, dass es losging, hatte ich das Gefühl. Schließlich waren wir an der Reihe. Alles war im Minutentakt geplant. Wir ritten in dieses beeindruckende Stadion ein. Auch wenn es am ersten Tag noch nicht so gefüllt war, war es ein fantastisches Gefühl, dort einzureiten. Und ich war mir auch der vielen, vielen Menschen bewusst, die dieses Championat gerade live am Bildschirm verfolgten.

Die Glocke ertönte, die Prüfung begann. Auf die Mittellinie abwenden, bei X halten, grüßen, Dalera stand perfekt. Antraben, erste Diagonale, starker Trab, Traversale nach rechts, alles super. Traversale nach links …

In diesem Augenblick musste Dalera misten. Im blödesten Moment, den man sich denken kann, denn die Traversale ist koordinativ wirklich anspruchsvoll. Ausgerechnet bei dieser Lektion, die zu Daleras absoluten Stärken zählt, kamen wir komplett aus dem Takt. Dalera fiel in den Schritt, galoppierte daraufhin kurz an, bis wir endlich wieder unseren Trabrhythmus fanden. Auf der Skala von 1 bis 10 bekamen wir für diese Lektion, die bei der Bewertung auch noch doppelt zählt, eine Durchschnittsnote von 2,7 von den sieben Richtern. Damit stürzte ich von aktuell 80 auf katastrophale 62 Prozent ab. Nach dem anschließenden noch etwas holprigen Rückwärtsrichten hatten wir uns aber doch wieder gefangen und auf knapp 77 Prozent hochgekämpft, was mit Sicherheit in so einer Situation das maximal Mögliche war.

Um zu erklären, warum das alles so katastrophal war, muss ich etwas präzisieren: Dalera mistet beim Reiten sonst nie. Die meisten Pferde tun das recht unbekümmert, ihnen ist vollkommen egal, ob sie dabei einen Sattel tragen und ob jemand auf ihrem Rücken sitzt. Dalera ist da anders, sie mag das offenbar nicht, aus welchem Grund auch immer. Was ich inzwischen weiß, damals aber nicht wusste: Starker Regen kann bei Pferden die Peristaltik, also die Aktivität des Darms, anregen.

Das war's. Aus der Traum. Solange ich noch auf Dalera saß, habe ich mich zusammengerissen und sie ausgiebig gelobt; sie konnte ja nichts dafür, und wir hatten ja keinen technischen Fehler. Aber diese eine verpatzte Lektion hatte uns etwa 4 Prozent gekostet. Statt einer möglichen Platzierung unter den ersten vier kamen wir auf den neunten Platz. Das war schon für sich genommen niederschmetternd, wenn man bedenkt, was möglich gewesen wäre. Und es war zusätzlich sehr ungünstig für die Startreihenfolge am zweiten Tag, an dem es um die Einzelmedaillen ging. Denn die Startreihenfolge wird in Gruppen ausgelost, in umgekehrter Reihenfolge zum Ergebnis aus dem Grand Prix. Die Reiter mit den schwächeren Ergebnissen müssen als erste starten und haben dadurch immer eine schlechtere Ausgangsposition.

Als ich abstieg, wohl wissend, dass ich gleich auch noch ein kurzes TV-Interview geben musste, brach der ganze Frust aus mir heraus, und ich ließ meinen Tränen freien Lauf. Warum ich?

Warum hier und heute? Dalera und ich sind in absoluter Topform und konnten es nicht zeigen!

Im Interview habe ich es dann auch genau so gesagt. Ich habe alles rausgelassen: »Wir haben es im wahrsten Sinne des Wortes verkackt.« Ich konnte und wollte meine Enttäuschung nicht wegdrücken. Früher hätte ich versucht, meine Emotionen zu kontrollieren, hätte es nicht zugelassen, so offen und ehrlich meine Enttäuschung zu zeigen. Noch dazu fanden die Reporter gerade dieses Szenario wohl besonders spannend, zoomten nah an meine verweinten Augen heran und bohrten noch ein bisschen in der Wunde. Auch und gerade in schwachen Momenten ist es mir wichtig, ich selbst zu sein und offen mit meinen Emotionen umzugehen.

Am nächsten Tag wurden wir Europameister mit der Mannschaft. Das war ein schöner Trost, auch wenn mein Ergebnis das Streichergebnis war: Unsere Mannschaft, bestehend aus Isabell Werth, Dorothee Schneider, Sönke Rothenberger und mir, war so stark, wir hätten jedes Ergebnis streichen können und wären trotzdem noch Europameister geworden.

Wir hatten noch einen Tag Pause, ehe es mit dem Grand Prix Spezial, der ersten Einzelwertung, weiterging. Meine Chancen auf eine Einzelmedaille sah ich ehrlich gesagt schon dahinschmelzen … Dazu hatte ich auch noch echtes Lospech und war die erste Starterin in unserer Gruppe, also weit weg von den Top fünf des ersten Tages, mit denen ich mich so gerne im direkten Vergleich hätte messen wollen. Nur drei Reiter aus jeder Mannschaft qualifizierten sich für die zweite Einzelwertung, die Kür. Die anderen drei aus unserer Mannschaft ritten in der Spitzengruppe, die nach der letzten Pause startete. Meine Ausgangssituation war also mehr als bescheiden.

Und so dachte ich mir: alles oder nichts. Wenn du deinem Traum folgst, setz alles auf eine Karte. Ich wollte volles Risiko

gehen, ich konnte nur noch gewinnen, hatte (fast) nichts mehr zu verlieren. Dalera fühlte sich wieder toll
an beim Warmreiten, strotzte vor
Energie, und ich war bereit für den
Grand Prix Spezial.

Und so dachte ich mir: alles oder nichts. Wenn du deinem Traum folgst, setz alles auf eine Karte. Ich wollte volles Risiko gehen, ich konnte nur noch gewinnen, hatte (fast) nichts mehr zu verlieren.

Das Stadion war nun rappelvoll! Es
kribbelte in meinem Körper, und die
Atmosphäre im Stadion in der Abend-
sonne war wie elektrisiert. Unsere gesamte erste Trabtour lief hervorragend, wir lagen immer über der magi-
schen 80-Prozent-Marke. Die Schritttour gelang auch. Doch
dann stockte Dalera im ersten Übergang zur Piaffe. Ich war
selbst ganz erstaunt, dass dies geschah, und kurz nicht bei ihr,
da passierte auch schon der nächste Fehler: Dalera sprang während der Passage kurz in den Galopp. Mist. Meine Schuld. Fehler in den Einerwechseln kamen auch noch dazu ... Am Ende
standen 78,6 Prozent auf der Anzeigetafel, vorläufig Rang eins.
Trotz der großen Fehler war das noch ein sehr gutes Ergebnis,
aber es war zum Verrücktwerden, solche unnötigen Patzer! Ich
hatte den Erfolg wohl einfach zu sehr gewollt.

Die Besten kamen ja noch, vor allem meine drei Teammitglieder! Und ich musste besser sein als einer von ihnen, um
es in die Kür zu schaffen. Die Chancen dafür standen nach den
drei Patzern nicht besonders gut.

Trotzdem habe ich es irgendwie immer noch für möglich
gehalten, dass wir es schaffen können, doch noch in der Kür
zu starten. Zu meiner Pflegerin Anna habe ich immer wieder
gesagt: »Ich weiß, dass es Wunder gibt.« Ich bestand darauf,
dass sie mit mir mitkommt zu den Bildschirmen im Stall-
bereich, um die anderen Ritte zu verfolgen. Ins Stadion zu
gehen, hätte ich nicht ausgehalten, ich war nervlich extrem
angespannt. Ich wollte mich so sehr für die Kür qualifizieren!

Ich wollte unbedingt noch eine Chance haben, zu zeigen, wie gut wir drauf waren.

Sönkes Ritt, der etwa sechs Minuten dauerte, kam mir vor wie eine Ewigkeit ... Als klar war, dass er um einen halben Prozentpunkt knapp hinter mir geblieben war, habe ich mich nicht mehr halten können vor Freude, dass ich doch noch die Kür, das zweite Einzelfinale, reiten durfte. Anna und ich sind wie Kinder auf der Wiese herumgesprungen, konnten unser Glück kaum fassen. Am Ende war ich mit dieser Leistung und dem nötigen Quäntchen Glück sogar noch Vierte geworden.

Am nächsten Tag war wieder Pause, und Dalera und ich haben auch wirklich Pause gemacht. Wir sind nur ein bisschen spazieren gegangen und haben uns beide richtig entspannt.

Dann kam der Sonntag mit der Kür. Ich war unheimlich aufgeregt, weil ich das Gefühl hatte, jetzt noch ein letztes Mal hier zeigen zu können, was wir draufhaben. Gleichzeitig war ich so weit, mich zu fragen, warum ich mir diesen Stress eigentlich antue, dieses Theater mit all dem Publikum und diesem Druck. Kurz habe ich mir gewünscht, einfach nur ganz allein für mich und Dalera die Kür zu reiten.

Wahrscheinlich war es auch der offene Umgang mit meiner Aufregung, der mir geholfen hat, ruhiger zu werden. So habe ich den dänischen Mitstreiter wohl ordentlich überrascht, als ich ihn beim Auschecken vom Hotel fragte, ob er denn auch so schrecklich nervös sei wie ich.

Mithilfe meiner Rituale wurde ich immer ruhiger, je näher die Prüfung rückte. Beim Einflechten der Mähne flüsterte ich Dalera ins Ohr: »Mädchen, wir beide machen das jetzt nur für uns. Wir gehen da raus und tanzen einfach.« Und da war ich wieder das kleine Mädchen, das mit Pferden tanzen wollte.

Was dann folgte, war ein Ritt, wie ich ihn bis dahin noch nie erlebt hatte. Alles war im absoluten Flow. Es war, als wäre mein ganzer Verstand in mein Herz gerutscht. Ich dachte nicht mehr, ich fühlte nur noch, in einer Weise, wie ich es bis zu diesem Zeitpunkt noch nie in einer solchen Intensität gespürt hatte. Die kindliche Begeisterung hat mir geholfen, wieder ganz mit mir selbst in Einklang zu sein.

Mit fast 90 Prozent, unserem neuem Bestergebnis, haben wir es wirklich aufs Podium geschafft. Meine erste Einzelmedaille bei den »Großen«, den Senioren! Und ich schwebte auf Wolke sieben, ich war und bin auch Daleras Besitzerin Beatrice so dankbar, mit Dalera genau die richtige Tanzpartnerin dafür an meiner Seite zu haben.

Wir hatten gezeigt: Alles ist möglich, auch wenn sämtliche Anzeichen dagegensprechen. Die Kür zur Musik an diesem Tag war das Beste, was wir zu dem Zeitpunkt zeigen konnten. Und ich war einfach nur glücklich und dankbar.

Diese Woche, von den bitteren Tränen am Montag bis zu dem wunderbaren Ritt am Sonntag, ist für mich wie ein Spiegel eines Lebens mit allen Höhen und Tiefen. Schön, dass am Ende ein Happy End stand.

Unsere Geschichte geht weiter

Seither haben wir uns kontinuierlich weiterentwickelt, und es fühlt sich immer noch so an, als hätten wir Luft nach oben. Ein gutes Gefühl!

Anfang 2020 hat mir Dalera beim Turnier in Neumünster zu meinem vierunddreißigsten Geburtstag ein besonderes Geschenk gemacht. Uns ist ein weiterer Sieg im Weltcup gelungen, es war fantastisch. In einem Interview wurde ich hinterher gefragt, ob mir Dalera so viel Selbstvertrauen vermittelt, dass ich reiterlich einen Sprung gemacht habe. Ich freue mich natürlich, wenn man das sieht, aber ich denke, es liegt am Zusammenspiel zwischen uns beiden.

Mit Dalera ist das Verhältnis irgendwie noch mal anders, als ich das bisher mit meinen Pferden erlebt habe. Wir ergänzen uns perfekt. Sie vermittelt mir mehr und mehr das Gefühl, dass es leicht sein darf und dass wir uns keine Grenzen setzen sollten. Dieses Gefühl habe ich noch nie vorher so erlebt. Sie bewegt sich mit einer Leichtigkeit, die mich jeden Tag aufs Neue fasziniert. Sie tanzt tatsächlich. »Bei Jessica sieht das alles so leicht aus«, hat eine Live-Kommentatorin während der Kür in Neumünster gesagt. »Sie trägt ein Lächeln im Gesicht, und die Stute sieht aus, als würde sie ebenfalls lächeln.«

Das mit dem Lächeln ist vielleicht doch ein bisschen übertrieben, aber es stimmt schon, Dalera zeigt sich gern. Sie liebt es, sich zu präsentieren, und hat eine ganz besondere Aura: Sobald sie eine Arena betritt, schafft sie es, die Menschen für sich einzunehmen. Zugleich benimmt sie sich ein wenig wie ein Rockstar; sobald sie im Rampenlicht steht, will sie zeigen, was sie kann. Und sie signalisiert mir immer wieder mehr als deutlich, wie sehr sie es liebt, auf Turniere zu fahren.

Dalera ist der erste Trakehner, den ich reite. Die Trakehner sind bekannt für ihren Arbeitseifer, ihre Sensibilität, Intelligenz und Treue. Sie ist ein Schmusepferd, eine echte Freundin. Es gibt auf der Website des Trakehnerverbandes einen sehr stimmungsvollen Film über uns beide, der das wunderschön zeigt. Doch auch Dalera musste sich erst entwickeln. Ich habe wie so oft auch bei ihr Geduld gebraucht, ihr das nötige Selbstvertrauen zu geben. Entspannen, abwarten, weitermachen, das war hier einmal mehr meine Devise. Wir haben einfach weitertrainiert, nicht »diskutiert«. Wenn es klappte, habe ich sie sehr gelobt, wenn nicht, habe ich den Fehler ignoriert. Wir haben unseren Fokus nicht auf die Dinge gelegt, die noch nicht so gut liefen. Und irgendwann gelang es dann wie von selbst. Das ist aber nicht nur bei Dalera so, sondern eigentlich bei allen Pferden – wenn sie das Potenzial dazu haben.

Daleras Alltag läuft so ab wie bei den meisten Pferden in

Aubenhausen. Viel draußen sein, jeden Tag auf die Koppel gehen, viel Abwechslung, damit das Training Spaß macht und nicht langweilig wird.

Und heute? Heute fasst Dalera auf eine ganz besondere Weise vieles zusammen, was ich bis jetzt in meinem Leben gelernt habe. Das große Thema, um das es mir geht, wenn ich von Dalera erzähle, ist Wahrhaftigkeit. Wahrhaftigkeit, das bedeutet für mich Echtheit, Ehrlichkeit. Genau hinschauen, zu meinen Ängsten stehen, sie nicht wegdrücken. Wahrhaftigkeit heißt für mich Aufrichtigkeit, mir selbst und anderen gegenüber. Wahrhaftigkeit heißt Liebe.

Gerade jetzt, da ich mich auf die mögliche Teilnahme an den Olympischen Spielen vorbereite, werden mir wieder einmal jede Menge Lerngeschenke entgegengebracht. Da gibt es so viele Unsicherheiten. Da gibt es so viele Menschen, die meinen Weg beeinflussen wollen. Sie meinen es alle sehr gut, aber manchmal fühlt sich das Näherrücken auch bedrängend an.

Da ist es umso wichtiger, dass ich bei mir bleibe. Dass ich auf mein Gefühl höre, was mich selbst und auch Dalera angeht. Was ist gut für sie? Womit fühlt sie sich wohl und glücklich? Was ist ihr zu viel? Mache ich zu viel, um in der Zukunft erfolgreich zu sein? Um es dann besonders gut zu machen? Handle ich nach dem altbekannten und weit verbreiteten Motto: »Viel hilft viel«? Gelegentlich habe ich mich dabei ertappt.

Wahrhaftigkeit heißt für mich: Es geht um das Sein im Hier und Jetzt. Es geht darum, in aller Ruhe zu entscheiden, was jetzt das Beste für Dalera ist. Ich wünsche mir, dass mir das auch weiterhin gelingt: bei mir zu bleiben, wahrhaftig zu bleiben. Gegenüber den Pferden, gegenüber den Menschen, die mein Leben begleiten, gegenüber meinen Mitstreitern, gegenüber den Leistungen der anderen.

Uns ständig weiterzuentwickeln als »Paar«, das treibt mich täglich an. Die Olympischen Spiele sind mein Ziel, mein Kindheitstraum, und ich arbeite weiter daran, dass dieser Traum Wirklichkeit werden kann: in Tokio (2021), Paris (2024) und/oder Los Angeles (2028). Als Reiterin bin ich noch jung und fühle mich immer noch am Anfang meines Weges.

Dalera macht es mir leicht; sie gibt mir das Gefühl, sie will das genauso wie ich. Auch wenn sie die Olympiade nicht von einem anderen großen Turnier unterscheiden kann.

Uns ständig weiterzuentwickeln als »Paar«, das treibt mich täglich an. Die Olympischen Spiele sind mein Ziel, mein Kindheitstraum.

Ich durfte in den letzten Jahren mit vielen sehr unterschiedlichen und meist nicht ganz einfachen Pferdepersönlichkeiten arbeiten. Wahrscheinlich waren es gerade die großen Herausforderungen, an denen ich am meisten gewachsen bin und mich als Reiterin weiterentwickelt habe. Dass es auch anders, leichter geht, das hat mir Dalera gezeigt. Und ich freue mich, wenn mich hoffentlich noch viele solcher Pferdepersönlichkeiten auf meiner Reise begleiten.

Gedanken zum Schluss –
Wir leben nicht, um zu glauben,
sondern um zu LERNEN (Dalai Lama)

Ich habe versprochen, in diesem Buch von den vielen Lerngeschenken zu berichten, die mir meine Pferde im Laufe der Jahre gemacht haben. Ich erzähle von den allerersten Lernschritten mit dem Pony, von den Brüchen in meiner Reiterkarriere, die immer große Lernschritte bedeuteten. Von großen Erfolgen, nicht nur auf Turnieren, sondern auch im von außen fast unsichtbaren Alltag hier bei uns auf dem Hof. Aber auch von bitteren Niederlagen und harten Entscheidungen. Von all den Dingen, die mein Leben ausmachen.

All diese Erfahrungen haben mich an den Punkt gebracht, an dem ich heute stehe. Das heißt aber noch lange nicht, dass ich ausgelernt hätte. Ich lerne weiter, jeden Tag, immer wieder und immer gemeinsam mit den Pferden.

Wir entwickeln uns gemeinsam, wir lernen gemeinsam und voneinander. Manche Pferde hätte ich gern noch einmal bei mir. Wir würden heute anders miteinander umgehen und vielleicht auch mehr erreichen. Aber ich kann die Uhr nicht zurückdrehen, und so kommt das, was wir gemeinsam erlebt haben, der Arbeit mit neuen jungen Pferden zugute.

Ein junges Pferd verändert sich körperlich im Laufe der Zeit enorm. Ich versuche, das Training diesen Veränderungen ständig anzupassen. Und es gibt neue, alternative Wege, mit denen wir die Pferde weiterentwickeln können. Ich sehe es als meine Aufgabe, dafür zu sorgen, dass sich die Pferde in ihrem Körper wohlfühlen. Das ist oft gar nicht so einfach. Pferde können nun mal nicht sprechen, und jedes Pferd zeigt auf eine andere Weise, wenn es ihm nicht gut geht. Ich werde immer sensibler dafür und erkenne dies immer deutlicher.

Die Aufgabe, unablässig zu lernen und uns zu entwickeln, betrifft natürlich nicht nur unser Leben mit den Pferden, sondern alle Bereiche. Aber gerade im Reitsport – ein Sport, den man sehr lange aktiv und als Trainer lebenslang ausüben kann – spielt das beständige Lernen für mich eine große Rolle.

Leben und Lernen heißt nicht, dass wir keine Fehler begehen. Im Gegenteil. Wir alle machen Fehler, das lässt sich gar nicht vermeiden. Und auch Fehler sind Lerngeschenke. Hätte ich all die Fehler, die ich begangen habe, nicht gemacht, dann wäre ich mit Sicherheit nicht an dem Punkt, an dem ich heute stehe. Für mich entscheidet sich vieles mit der Frage, wie ich als Mensch mit meinen Fehlern umgehe. Ich ärgere mich sehr, wenn ich Fehler mache – auch beim Reiten! –, ich möchte keine Fehler machen, ich vermeide sie, wo es geht. Aber es gelingt mir natürlich nicht immer. Wenn ich an meine Zeit mit Unee denke, dann habe ich sicher jede Lektion im Grand Prix einmal richtig »zerschossen«. Zu Jonny habe ich mal gesagt: »Ich muss wohl jeden Fehler einmal machen, um ihn dann hoffentlich irgendwann vermeiden zu können.«

Das ist ärgerlich und manchmal schmerzhaft, aber es stimmt. Und Fehler sind menschlich und auch okay, wenn ich aus ihnen lerne. Wenn ich mit etwas Abstand noch einmal darauf zurückblicke, kann ich sie meistens als wichtige Lernerfahrungen abhaken. Immer wieder – sehr oft – stelle ich mir die Frage: Was kann ich besser machen, damit mir dasselbe nicht noch einmal passiert?

Bei den Pferden ist es anders. Wenn sie Fehler machen, liegt es meistens daran, dass sie uns noch nicht richtig verstanden haben. Also befindet sich der Grund auch hier »am anderen Ende des Zügels«.

Leben und Lernen heißt für mich auch, mit den seltsamsten Wendungen zurechtzukommen, flexibel und offen zu bleiben. Hätte mich Anfang März 2020 jemand gefragt, ob ich im Juli 2020 nach Tokio zu den Olympischen Spielen fahre, dann hätte ich wahrscheinlich gesagt, dass ich zuversichtlich bin, es zu schaffen.

Heute weiß ich, ich bereite mich auf ein Olympia 2021 vor. Und wann ich das nächste Mal ein Turnier reiten werde, steht in den Sternen. Das alles ist spannend, aber es ist auch ein besonderes Lerngeschenk, um wieder einmal das Loslassen zu üben. Es ist, wie es ist.

Die Pferde merken nichts davon. Sie kennen keine Sorgen und keine Angst vor der Zukunft. Sie gehen jeden Tag auf die Weide, wir bewegen sie und kümmern uns um sie. Sie führen ihr Leben von einem Tag zum anderen, immer ganz im Hier und Jetzt. Moritz tut das auch.

Sie sind meine besten Lehrer.

Epilog –
Sommerabend in Aubenhausen

Ein heißer Tag im Juli ist zu Ende gegangen. Solange es morgens noch kühl war, haben wir trainiert und waren mit den Pferden draußen. Am Nachmittag war es fast schon zu warm.

Jetzt geht die Sonne langsam unter, und wir atmen tief durch. Moritz schläft. Die Zeit, wenn ich ihn ins Bett bringe, liebe ich sehr, denn in dieser Zeit kann ich nichts tun. Nicht reden, keine Mails schreiben, nicht aufs Handy schauen, absolut nichts. Ich sitze einfach mit ihm in der Stille, bin im Hier und Jetzt bei ihm und bei mir, lasse den Tag noch mal Revue passieren und übe mich in Dankbarkeit.

Mein Mann und ich sitzen auf der Terrasse und genießen die Ruhe bei einer Tasse Tee. Wir können uns abends immer viel von unserem Tag erzählen, schließlich haben wir beide einen Beruf, in dem ständig Action ist. Heute war es zu warm, um in unseren Yogaraum zu gehen, wie wir es sonst oft für eine Viertel- oder halbe Stunde tun.

Irgendwann stehe ich auf und sage zu Max: »Ich gehe noch mal kurz zu den Pferden.« Er kennt dieses Ritual, das mir wirklich heilig ist, nickt und winkt kurz mit der Hand. Wenn ich gleich weg bin, wird er sich wahrscheinlich sein Buch schnappen und lesen. Er weiß, er sieht mich so schnell nicht wieder.

In den Ställen ist es ruhig geworden, als ich allein über den Hof gehe. Im Westen leuchtet der Himmel, und ich habe das Gefühl, es wird selbst bei uns hier im Süden gar nicht mehr ganz dunkel.

Mein Stall liegt im Schatten, ich bin allein mit den Pferden. Sie stehen da, bewegen sich langsam, mümmeln ihr Heu. Einige machen auch eine Fresspause und dösen vor sich hin. Ich gehe nicht in die Stallgasse, mache kein Licht, sondern gehe außen vorbei und setze mich bei jedem Pferd für ein paar Minuten ins offene Fenster der Box. Dalera scheint schon auf mich gewartet zu haben. Sie kommt und legt mir ihren Kopf in den Schoß. Zaire wird gleich dasselbe tun, wenn ich zu ihr komme. Und die anderen auch. Ferdinand streckt den Kopf aus dem Fenster, um zu sehen, wo ich bleibe.

Das Gefühl, wenn ich meine Pferde »ins Bett bringe«, ist unbeschreiblich. So viel Ruhe, so viel Vertrauen! Wir atmen im Gleichklang.

Für mich hat das Glück der Erde hier seinen Ort.

Dank

Niemand schreibt ein Buch ganz allein. Schon gar nicht ein Buch wie dieses. Und so gibt es am Ende jede Menge Anlass, um Danke zu sagen.

Der größte Dank gilt meinen Pferden, die meine wichtigsten Lehrer und mein täglicher Spiegel sind. Sie reflektieren meine Stärken und auch die Schwächen und fordern mich täglich neu heraus, mich als Persönlichkeit weiterzuentwickeln.

Auch möchte ich meiner Familie von Herzen danken, allen voran meinem Bruder Benjamin, mit dem ich den wundervollen Weg mit den Pferden gemeinsam gehen darf.

Unsere Eltern unterstützen uns dabei, wo sie können. Unsere Mutter Micaela ist die gute Seele am Hof, unser Vater Klaus hat in Aubenhausen ein Paradies geschaffen, das Benjamin und ich nun seit einigen Jahren beleben und »bewirtschaften« dürfen.

Ganz besonders danke ich meinem Mann Max, der mich inspiriert und ermutigt, neue Wege zu gehen. Auch bei der Fertigstellung des Buches hat er sehr wertvolle Ideen eingebracht.

Und ich möchte meinem Sohn Moritz danken, der mich immer wieder daran erinnert, was wirklich wichtig ist im Leben und was es bedeutet, im Hier und Jetzt zu sein.

Weiterhin danke ich all den Wegbegleitern, insbesondere den Pferdebesitzern, die gemeinsam mit uns den wunderbaren Weg mit den Pferden gehen. Auch unseren tollen Trainern, Partnern und dem gesamten Aubenhausen-Team danke ich von Herzen. Ohne sie alle wäre das Leben mit den Pferden nicht annähernd so schön.

Ein ganz großer Dank gilt Ulrike Strerath-Bolz, die mir beim Verfassen dieses Buches geholfen hat. Sie konnte sich unheimlich schnell in mich hineindenken, und der ständige Austausch mit ihr während der Entstehung des Buches hat sehr viel Spaß gemacht. Auch danke ich meinem Management Ethos, allen voran Dirk Schimmel und David Könnecke, die mich ermutigt haben, dieses Buch zu schreiben. Und ich danke dem Droemer Knaur Verlag für das Vertrauen und das Engagement, mit dem sie dafür gesorgt haben, dass dieses Projekt Realität werden konnte.

Bildnachweis

Bildteil 1: S. 1, S. 2, S. 3, S. 4, S. 5, S. 6, S. 7: Archiv Jessica von Bredow-Werndl; S. 8: Maximilian Schreiner, S. 9: Maximilian Schreiner, S. 10, S. 11, S. 12, S. 13: Archiv Jessica von Bredow-Werndl, S. 14 o.: Veronika Reim, S. 14 u.: Jacques Toffi, S. 15: Archiv Jessica von Bredow-Werndl, S. 16: Christophe Tanière

Bildteil 2: S. 1: Jacques Toffi, S. 2, S. 3: Archiv Jessica von Bredow-Werndl, S. 4 o.: Flora Keller, S. 4 u.: Thomas Hartig, S. 5 o.: Archiv Jessica von Bredow-Werndl, S. 5 u.: Maximilian Schreiner, S. 6 o.: Archiv Jessica von Bredow-Werndl, s. 6 u.: Petra Kerschbaum, S. 7 o.: Volker Pätzold, S. 7 u.: Michael Philipp Bader, S. 8: Flora Keller, S. 9 o.: Petra Kersch-baum, S. 9 u.: Flora Keller, S. 10 o.: Archiv Jessica von Bredow-Werndl, S. 10 u.: Stefan Lafrentz, S. 11 o.: Stefan Lafrentz, S. 11 u.: Jacques Toffi, S. 12: o.: Stefan Lafrentz, S. 12 u.: Pauline von Hardenberg, S. 13: Archiv Jessica von Bredow-Werndl, S. 14 o.: Nadine Harms, S. 14 u.: Stefan Laf-rentz, S. 15 o.: Stefan Lafrentz, S. 15 u.: Petra Kerschbaum, S. 16: Nadine Harms

MICHAELA SEUL

DAS GLÜCK
HAT VIER PFOTEN

Lebensweisheiten unserer Hunde

Bestseller-Autorin Michaela Seul über Hunde und
was sie uns fürs Leben beibringen

Die Hundefreundin Michaela Seul ist auf der Fährte eines
glücklichen Lebens, wenn sie mit ihren besten Freunden unterwegs ist – weil sie bei ihnen immer wieder viel Lebensklugheit
entdeckt. In kleinen Geschichten erzählt sie, was wir aus dem
Verhalten unserer Hunde herauslesen und für unser Leben nutzen können: Wenn sie beharrlich über Stunden hinweg einen
Knochen bearbeiten, selbstvergessen und voller Hingabe im
Garten buddeln oder völlig entspannt vor sich hindösen.

Das Glück hat vier Pfoten ist eine charmante Hundeschule
für Zweibeiner, in der wir lernen, für uns selbst zu sorgen, auch
in schwierigen Situationen Haltung zu bewahren, Grenzen zu
setzen, Ziele zu verfolgen und dabei immer im Jetzt zu leben.
Und nebenbei erfahren, an welche Leinen wir uns selbst ange-
bunden haben. Michaela Seul öffnet die Augen für das, was wirklich zählt im Leben – nicht nur für unsere vierbeinigen Begleiter!

DIE ZEIT

DU SIEHST AUS, WIE ICH MICH FÜHLE

Die besten Fotos und Geschichten
aus der beliebten Serie

Mit einem Vorwort von Malin Schulz

Tiere, die gute Laune machen
Das Buch zur beliebten Serie aus der ZEIT: Tiere spiegeln
menschliche Emotionen – hoher Schmunzel-Faktor garantiert

Die Schleiereule Barney, der Felsenpinguin Rocky, das Zwerg-
widder-Kaninchen Hermine: Sie und ihre tierischen Verwand-
ten zaubern den ZEIT-Lesern Woche für Woche ein Lächeln ins
Gesicht – weil sie wie ein Spiegel der eigenen Seele sind und
Glück, Trauer, Lust, Erleichterung, Zerstreutheit, Melancholie,
kurz: allen unseren Empfindungen ein Gesicht geben. Jeder findet hier sein Tier, das zur befreienden Selbsterkenntnis einlädt!

Du siehst aus, wie ich mich fühle ist seit langem die beliebtes-
te Serie der ZEIT. Die Auswahl der besten Fotos und Geschichten in diesem hochwertig ausgestatteten Buch ist die Antwort
auf zahllose begeisterte Zuschriften an die ZEIT-Redaktion –
und das passende Geschenkbuch für viele Gelegenheiten!

DIE FABELHAFTE WELT DER ZELDA

Abenteuer einer neugierigen Katze

Mein Leben als Petfluencer

Seit Zelda im Jahr 2015 die Bühne des Social Media betrat, wuchs ihre Fangemeinde beträchtlich. Heute ist sie ein Social Media Star, Yogalehrerin, Poetin, Lebensberaterin, Fliegenfängerin, Kummerkastentante, Chef-Katze. In ihrem Buch bietet sie Einblick in ihre einzigartige Welt und erzählt über ihr Leben als Katze und ihr Zusammenleben mit Menschen, vom Dating, von Reisen, von den Tücken der Katzenfutterzubereitung sowie dem Vergnügen, die Krallen am neuen Sofa zu wetzen. Dieses Buch ist das perfekte Geschenk für alle Katzenfans und liefert auch den armen Menschen ohne Katze neue und katzenphilosophische Erkenntnisse für den Alltag.

KNAUR